小資族必學！植入贏家心態、
提升績效表現的高獲利法則

股市高手的投資心理學

上岡正明・著
陳識中・譯

Investor Psychology

前言 我靠「投資心理學」跨越了5億日圓的高牆！

☑「心理素質」左右投資結果

開門見山地告訴各位。

在投資股票時決定你能否成為贏家的，是你的心理素質。

心理素質比技術分析或基本分析更加重要。

除了瞭解心理素質的重要性，還必須隨時確認自己的心理狀態，並正確地加以運用。

這就是本書的主題。

以下幾種不同的投資人心理，哪一個最符合你的狀況呢？

- □聽到「他靠〇〇股票賺了很多錢」就忍不住心癢癢。
- □很在意追蹤人數超過10萬人的人氣投資老師的發文。
- □看到股價開始下跌，便認為之後還會跌得更多。
- □常報名投資課程，想打聽哪支股票「非買不可」。
- □在社群網站或投資雜誌上看到小道消息，便馬上萌生買進的念頭。

以上這些心態都會讓人在投資股票時百分之百賠錢。即便是能讀懂企業財報的大師，或是精通線圖分析的大神，只要擁有這樣的心理就一定會賠錢。

反過來說，**如果能知道在股市中長期獲利的投資人的共同心態，就可以掌握容易成功的習慣和策略。也能瞭解股市常勝軍在股價暴跌時是如何應對的。知道這些資訊，至少能讓我們成為一個不易賠錢的投資者。**

透過調整心理狀態，讓自己成為投資贏家的方法，本書稱之為「投資心理學」。

突然聽到這些話，相信有些人會感到不知所措。不過，這是擁有23年投資經歷，在股海累積5億日圓資產，同時在大學擔任客座講師，研究、執筆過多篇論文的我這位腦科學家所得出的結論。

我還是一位財經投資YouTuber。我的頻道約有20萬人訂閱。有很多粉絲留言發問有關投資的煩惱和疑問。

而我在分析過各種疑難雜症後，發現絕大多數的人都「**沒有意識到投資最重要的事**」是什麼。

於是我集自身研究之大成，寫了一本關於投資人心理的書。也就是本書《股市高手的投資心理學》。

市場總是變化不定。正因為如此，投資人才需要建立具一致性的投資致勝原則。而這個逆相關的關係可以為你帶來勝利。

當然，由於市場是無序且無法預測的，因此會像雲霄飛車一樣晃來晃去，試著把你甩下車。每當市場發生變化時，我們的內心就會產生苦惱、恐懼、過度自信或是迷惘，以及欲望。

如果被上述的心理狀態控制，不論你用的是分析各種圖表的技術分析，還是分析企業業績的基本分析，都不易產生太大的成效。若不能保持「致勝的心理狀態」，別說是增加資產了，你的本金只會一點一點地減少，因為這就是市場的定律。

重點 1 決定股票投資勝敗的是你的心理素質。

實際上，**我之所以能跨越資產5億日圓的高牆，就是因為我掌握了贏家的心態**。在此之前我也曾陷入苦戰。不但被兩度通知追加保證金，也曾賠光本金被迫退場。

我也曾經認為，投資能否獲利跟一個人的心理素質無關。然而，我卻大錯特錯。

我第一次認真投資股票，是在2003年小泉純一郎執政時的泡沫經濟期。當時只要買進因國家政策而受惠的題材股，隔天就能享受股價暴漲的紅利。

原本態度謹慎的我也逐漸按捺不住內心的欲望，用超過風險容許度3倍的信用交易，以槓桿買進了好幾支股票。而且其中幾支股票還是運用雙重信用交易[1]（絕對不能用的壞方

譯註1：即先用現金購買股票，再把股票當成保證金進行信用交易，以槓桿去購買同一支股票。此時若股價上漲則保證金增加，但股價下跌時保證金也會減少，風險比普通的信用交易更高。

法）。

開始投資2年後，數百萬日圓的本金就翻了好幾倍，超過1500萬日圓。

然而，由狂熱撐起的行情無法永遠維持下去。不久後，日股接連在次貸危機、金融海嘯及東日本大地震的衝擊下，三度大暴跌，我也被二度通知追加保證金，最終被迫從股市退場。

曾經風光無限的我，只能不斷懊悔「早知道當初就不碰股票投資了」。

但後來我又重新振作，從零開始認真學習股票投資。因為我體悟到投資人除了自己的恐懼之外，也必須能確實控制自己的欲望。

本書介紹的「投資心理學」便是由此而生。

☑ 習得投資心理學的三大步驟

本書**輔以行為經濟學和行為財務學的知識**，向各位介紹那些長期在市場上獲利的「頂尖3％」投資勝利組的共同心理。

在日常的投資中，我們的心裡經常被5種情感占據。這些是每個人在交易前都必定得面對，困擾所有投資者的負面情感。

- **迷惘：擔心現在做出的投資決定會不會是錯的**
- **苦惱（不持有的風險）：擔心不作為會錯過良機**
- **恐懼：擔心會不會因為大暴跌而虧損**
- **欲望：想藉著增加風險來加快獲利速度**
- **過度自信：認為自己很聰明，以前都有獲利，所以之後也不會賠錢**

頂尖3%的投資者都接納了上述5種情感，並經常檢視自己是否對市場做出正確的回應，同時建立一套能督促自己實踐的投資規則。

聽到這些，有些人可能會覺得正因為他們是最頂尖的3%投資者，才有能力做到這些事。但實際上並非如此。任何人都做得到。

負面情感①

迷惘

負面情感②

苦惱

負面情感③

恐懼

負面情感④

欲望

負面情感⑤

過度自信

你只需要掌握以下3個步驟。

步驟① 瞭解投資心理學的知識

步驟② 掌握股票投資的心態

步驟③ 精通投資心理學的應用方法

本書將依序解說這3點，幫助各位學會投資心理學。

重點 2

任何人都能學會「投資心理學」。

☑ 閱讀本書可以獲得的3項技能

本書**將會鉅細靡遺地講解，如何同時鍛鍊投資心理學中的「知識」、「武器」與「投資法」**。

第1～2章介紹的是基礎知識，告訴你具體應該用什麼樣的方式思考，才能打造可在股市持續獲利的心理素質。

第3章會把股票投資的心理分成11個類別來解說。在本章中，你會獲得未來在股海航行時，可當成武器使用的各種知識。

然後在**第4～5章**，我們會實際應用投資心理學，介紹能幫助你在投資股票時獲利的Know-how。

除此之外，在本書的**特別附錄**中，還會介紹我在賺到5億日圓的過程中，使用了哪些閱讀本書可以獲得的3項技能！

技能① ▶基礎知識 …第1～2章

瞭解何種心理素質可使你在股市持續獲利。

技能② ▶投資心理學的武器 …第3章

獲得基於行為經濟學的投資人心理的知識。

技能③ ▶投資法 …第4～5章、特別附錄

實踐應用投資心理學的投資方法。

應用投資心理學的交易手法，以及控制內心的方法。

怎麼樣？**每一項都是想在股海中勝出的必要技能**對吧？

對於投資經驗豐富，想快點學會行為財務學的讀者，可以只看第3章介紹的11種投資人心理。

看完內容後配合實踐，把剩下的章節當成參考書引用、學習也是一種方法。我相信即使只做到這些，也能幫助你**把自己的心理調整至最佳狀態，使股票投資的勝率比以往提高幾十倍**。

至於投資經驗尚淺的初學者，只讀一遍可能無法馬上消化吸收。不過，**只要在失敗時回頭複習，便能確實掌握箇中精髓**。所以，在你真正精通投資心理學之前，請隨時把這本書放在身邊，不時抽空翻開來閱

讀或溫習。

那麼，接下來就讓我們進入正題吧。

股市高手的投資心理學：小資族必學！植入贏家心態、提升績效表現的高獲利法則

目錄

第3章

透過行為經濟學學習！

投資心理學的武器

第4章 頂尖3%投資者的心態……153

第5章 實踐！運用投資心理學的投資術

＊本書的目的在於提供股票投資時的參考資訊，此為作者根據自身經驗和獨立調查的結果撰寫而成，無法保證可確實獲利。請務必依照自身判斷進行投資相關的最終決定。

第 1 章

從20萬人的投資調查中發現

頂尖3%投資者的心理素質！

投資心理學是這麼誕生的！

我第一次開始認真投資股票，是在2003年小泉執政時期。當時恰好是IT泡沫、《勞動派遣法》修法、交易手續費低廉的網路證券興起的時期，適逢1988年以來日本最大的股市投資熱潮。

只要購買受惠於國家政策的題材股，隔天就能欣賞到股價大漲的美景。在這波絕佳的股市行情中，我的資產也順利地持續增長。

等意識到時，我發現自己才剛接觸投資短短2年，原本數百萬日圓的本金就翻了好幾倍，超過1500萬。

「投資原來這麼簡單。」

「照這個速度，說不定不用10年就能賺到1億日圓了。」

每個假日我都泡在咖啡廳裡做著這樣的白日夢，一面盯著自己的證券戶頭一面傻笑。完全沒有察覺到那其實是惡夢的開始。

在3次大暴跌中被二度通知追加保證金，瀕臨退場！

日本在小泉內閣執政時期發生了空前的股市泡沫。而次貸危機導致的美股暴跌，則是戳破這個泡沫的第一根針。

不幸的是，**當時的我只經歷過強勢的上升行情**。

因此，**我對下跌行情中的應變方法一無所知**。

不僅如此，我還以為這波暴跌正是「絕佳買點」，完全無視風險容許度，大膽地買進更多股票。當然，1500萬日圓的資金根本就不夠用。

於是儘管才剛踏入股海，我卻不惜利用信用交易也要全力買進。記得當時我的信用交易擔保維持率甚至一度跌至60%以下。

即便如此，**我還是相信完全沒有經驗的自己可以在2年內讓資產翻5倍，處於過度相**

信自己實力的狀態，完全不懂得懷疑。

事情好像有點不對勁。直到一次巨大的反彈後崩盤，日經平均指數跌破1萬2000點，我才開始產生這種感覺。

原本處於狂熱的市場，終於在那一刻突然轉為悲觀的氛圍。

不久後美國的大型投資銀行雷曼兄弟破產。「百年一見的大崩壞來臨！」、「超越黑色星期一的超級熊市」、「日經平均指數可能跌破5000點」，諸如此類的新聞報導幾乎鋪天蓋地席捲了整個網路。

然而，苦難並未就此結束。幾年後，日本又發生了東日本大地震。遭到重創的日本股價持續低迷，日經平均指數開始跌破8000點。

當然，我買的股票也無法倖免於難。

我的損失超過了信用交易的保證金額度，被二度通知追加保證金。於是我東拼西湊，勉強又存了200萬日圓進去。**由於當時的我完全不懂什麼叫做停損，只能每天抱著恐懼**

度日。

即使如此，股價仍舊無情地繼續下跌，終於來到7000點大關。

此時，我所有持股的未實現損益都已經轉為負值。原本1500萬日圓的未實現獲利減少到400萬日圓。除此之外，還有信用交易產生的近800萬日圓的未實現虧損。

即便繼續匯款至帳戶撐過被追加保證金的難關，但也只是杯水車薪。

曾經意氣風發、不可一世的我，也只能落得不斷懊悔「早知道當初就不要碰股票投資了」。

我身邊同一時期進場的投資人也同樣不是被迫退出市場，就是強制停損，損失了大筆資產。

那時我得以命懸一線、免於退場，完全只能感謝運氣。除此之外，我找不到其他明確的理由。

「只是剛好，買進的幾支股票沒有像其他股票跌得那麼慘。」

「只是剛好，日經平均指數在強制停損之前反彈了。」

「只是剛好，我手邊還有200萬日圓的現金可以運用。」

這一切都只是偶然。換句話說，**我不過是運氣好才倖存下來**而已。

☑ 面對自己的情緒，搖身一變成為投資勝利組！

之後，我一邊繼續在股市苟延殘喘，一邊從零開始重新面對市場，認真學習股票投資知識。

因為**我深深體會到，股票投資一點也不簡單**。

於是，我先到大型圖書館，讀了許多有關股票投資的書。我讀過的書超過100本。

我把能應用的方法記在筆記本上，一邊實際嘗試，一邊試著找出屬於自己的投資致勝模式，從錯誤中學習。

最後我之所以能夠建立一套適合自己的獲利方法，背後有2個原因。

第一，是我**正面面對投資並持續學習，使心態變得穩定**。

從腦科學的層面來說，學習具有好幾個效果。而其中一個便是「**藉由增加知識和應用能力，使人更容易預判未來的模式**」。

不安的情緒，通常是由於不知道未來會發生什麼事而產生。

據說職業運動選手和圍棋棋手的判斷之所以能比業餘人士更準確，就是藉由平日不斷地練習，學習了多種不同的模式。透過學習事先記住可能出現的模式，這樣不論遇到什麼狀況都能準確判斷。

雖說並非多讀書就一定能提升投資成功的機率，但至少心態會比完全沒有學習來得穩定許多。

而另一個原因，則要歸功於**我對市場的認知發生了巨大的改變**。

過去我為了在投資中獲利，交易時總是追逐著市場趨勢。投資對象暴漲就感到興奮，大幅下跌就感到悲觀。讓自己配合市場來進行交易。

然而，開始真正在股票投資中獲利後，我才發現這是不對的。應該反過來，**讓市場配**

合自己的交易方法、情緒、想法，以及時間週期。

「什麼嘛，這不是廢話嗎？」──或許你會這麼想。

不過，我現在要講的觀念對於能否在股市投資中獲利非常重要，請務必看到最後。

過去的我，眼裡只看得到投資的對象（市場）。

然而，實際上在投資股市時，有2個不可或缺的存在。

一個是市場，另一個則是「你」，也就是交易者。

市場的日文叫做「相場」，而對象叫做「相手」。所謂的市場，就是把「相手」的「手」換成「場＝場域」。

換句話說，市場是因為有你才得以存在。沒有你的話就無法存在。

從今天開始，如果你再也不關心股票投資，那麼市場就會永遠從你的人生中消失。也就是說，一切都由你的意志決定。**市場是以你的情感為中心，繞著你而轉的。**

我領悟到相對於市場的「我」這個存在，才是決定投資成敗的最大因素。換句話說，我把焦點從市場轉移到自己身上。

比起市場應該怎麼樣，更重要的是自己應該怎麼做。

於是，接下來要介紹的「投資心理學」就這樣應運而生了。

市場就跟談戀愛一樣 不遵循任何邏輯

我常常聽到有人說，想在股票投資中獲利，技術分析或基本分析很重要。然而，我的看法卻不一樣。

市場是一個由群眾心理所驅動的世界。所以，心理的部分非常重要。

反過來說，我們可以得出一個結論：決定股價的其實是使投資人無視合理數字和決策的感性要素。

換句話說，市場不會按照邏輯運作。單就這點來看，它其實很像談戀愛。

☑ 情感比邏輯更能推動股價

順帶一提，所謂的基本分析，是指根據企業的財務報表和業績來分析其體質是否健全與未來的發展性，判斷它當前的股價是高是低的分析手法。

簡單來說，基本分析就是在分析「這間公司的股票未來是否會隨著業績成長而上漲。如果答案是肯定的，就趁現在還便宜的時候買進」。

從某個角度來說，這種分析方法是正確的，但從另一個角度來說又是不正確的。

因為**所謂的市場，並不是依循人的邏輯判斷所形成，而是會如實地反映出人的情感**。

各種不理性的複雜因素交雜在一起，就形成了行情、推動價格的力量——所以從結論來說，我認為「**基本分析雖然重要，但光憑基本分析是沒有用的**」。

根據企業的業績等資訊……
評估體質
是否健全與未來的發展性！

☑ 圖表是人心的動態表現

那麼，運用圖表和指數來判斷行情的技術分析又如何呢？若問股票投資能否單靠技術分析，答案也是否定的。

就我自己的解釋，**技術分析是一種將市場參與者的心理指數化，透過識別其中幾種模式，並針對各種模式做出特定回應的投資手法**。

簡單來說，在股價形成的過程中，市場參與者通常會出現特定的心理傾向，而當這種傾向變成集體反應時，就會形成具有單一特徵的趨勢。

這就跟參加大學考試時，透過大量練習考古題來拿分是一樣的原理。

由於每個科系和學校的出題特徵各不相同，因此依據過去的題型來解讀出題者的心理，藉此推測未來的出題方

圖表會反映投資人的心理……
藉由過去的模式
來判斷未來的趨勢！
模式
B
模式
A

向。如果把技術分析比擬為寫考古題，那麼它的確能幫助你更準確地掌握市場行情。

另外，只用ＲＳＩ（相對強弱指標）、移動平均線或支撐壓力線等單一技術指標來投資的專業投資人非常少。我自己也一樣，**基本上會配合市況或環境，組合數種特徵明顯的指標來判斷未來的趨勢**。

如果市場出現了跟過去一樣的模式，就能知道接下來要這麼做，然後再那麼做。這就是技術分析的本質。

換句話說，**圖表就是顯示「人的心理」**。

踏入只有懂得投資心理學的人才能成為投資勝利組的世界

投資圈很流行一種說法：大約9成的散戶都在賠錢。雖然沒有確切的證據，但實際上就算完全遵照基本分析或技術分析的方法來操作，真正能賺到錢的人確實很少。

這是為什麼呢？我認為箇中原因就在於投資心態。

也就是說，即使按照基本分析或技術分析的邏輯，股價應該要上漲，但**如果有一定數量的投資人萌生心理壓力**，認為：

「**可能很快就要爆發金融危機了。**」

「**感覺未來前景不明，我看見好就收，趁現在停利吧。**」

「**好像開始轉跌了，真的沒問題嗎？**」

此時指數就不會按照理論變化。

接著法人投資者和避險基金等大戶便會趁機賣空，導致圖表出現無法預測的變動。此時，倘若你已經產生消極的心態，那麼當股價出現違反預期的變化時，你就會不知道該如何應對。

☑ 商場上愈成功的人投資股票愈容易失敗!?

那麼，究竟該怎麼辦才好呢？實際能從股市裡賺到錢的散戶只占1成，其中資產能夠穩定成長的人更只有最頂尖的3％，他們究竟是如何保持常勝不敗呢？

唯有瞭解背後的原因，掌握投資心理學的人，才能跨入投資勝利組的世界。

另外，直接先說結論，要打開通往投資勝利組的大門，需要的不是才智也不是優秀的分析。

投資失敗的人，很多都是社會上有頭有臉的聰明人。

我的身邊也有不少律師、醫生、老練的經營者因為投資，結果賠掉很多錢。不如說愈有社會地位，或是在商場上愈成功的人，反而愈容易在股票投資中失敗。

總而言之，**聰明的腦袋或出色的分析能力，都不是能在股票投資中勝出的絕對條件**。

☑ 鍛鍊出能嚴守自我規則的心智！

那麼，究竟哪種人可以撬開通往投資勝利組的大門呢？

答案是**懂得從過去的經驗和失敗中建立屬於自己的規則或致勝模式，並擁有能正確運用它的紀律和集中力，心智不會被他人或新聞媒體左右的投資者**。

本書從一開頭就切入主題、直指核心。

因為我希望能讓更多人及早成為投資勝利組。

擁有屬於自己的規則，代表一個人處於明確知道自己該做什麼的狀態。因此保持正確的紀律和集中力，嚴守這個規則非常重要。

如此一來，你就不會被欲望左右，即使處於恐懼或是苦惱之中，也能有紀律地持續投資。即便發現失誤，也能遵照規則毫不遲疑地停損。

即使內心充滿懷疑，也能鼓起勇氣專注在眼前的行情，遵守規則進行交易，這就是投資勝利組的特質。

那麼，我們這些散戶具體該怎麼做，才能打開通往投資勝利組的黃金之門呢？

首先，我們必須記住3條準則。

頂尖3%投資者的準則❶

接受風險的存在

首先第一條準則是「**接受風險的存在**」。

換句話說，就是把虧損視為投資的固定成本。

只要投資股票就無法避免風險。請理解這一點，然後**提前想清楚自己究竟可以容許多少風險**。

如果能把虧損當成固定成本，當股價朝預想之外的方向移動時，就不會驚慌失措。即使股價開始暴跌，腦袋也不會停止思考，或是毫無計畫地加碼攤平，而是能根據事先設定好的虧損額，重新擬定計畫。

事先把虧損
當成固定成本，
就不會感到
驚慌。
MEDIUM
50萬元
0元
100萬元
LOW
HIGH
RISK

☑ 想像成職業棒球錦標賽！

舉個例子來說，我在買股票時一定會分散投資多支股票。

此時，預想未來6個月或1年的情況，我分析出自己需要承受最多賠掉500萬日圓的風險。儘管如此，從整體來看，每年1～2次的股票配息也有3000萬日圓的正期望值收益。

而我判斷在這樣的風險和期望值下，只要能控制自己的心，那麼現在就是進場買進的時機。

這樣聽起來可能有點難懂。

不妨把它想像成職業棒球錦標賽。

職業棒球隊的教練不但要重視球隊的每場比賽，同時還要思考如何在共計超過120場的錦標賽中提高排名，引導球隊走向勝利。**而想要拿到冠軍，並不需要每場比賽都獲勝。**

要贏得每一場比賽是不可能的事，以此為目標只會讓球員疲憊不堪，反而沒有效率。

讓球員太過操勞會導致他們受傷，降低球隊的勝率。所以教練會事先預想球隊最多可以輸掉幾場比賽，以獲得聯盟冠軍為目標。

股票投資也一樣。重要的是擬定中長期的戰略，然後尋找進場時機。在這個過程中，**有時我們會故意輸掉幾場比賽（也就是股票投資時的虧損），把它當成可容許的風險**。

☑買股票又叫做「risk-on」

我在最大可能虧損500萬日圓的前提下，追求3000萬日圓的期望值，這種思考方式就跟把虧損當成固定成本的概念很相似。

事實上，在經營企業時，這是非常合理的思維方式。

我在企業經營方面也有近20年的經驗。每年在人員的聘僱和教育訓練上都得花費超過1000萬日圓。

能在第一年就實現獲利，回收比投資額更多資金的公司，反而是少數中的少數。多數公司都是到了第二年，有些甚至要到第三年才能實現盈利。

反過來說，你可以認為風險與報酬的關係從一開始就是如此。

如果能夠這麼想，即使遇到股價急跌或暴跌也能冷靜應對。不會跟其他投資者一樣**被壓力壓垮，而能用自己的腦袋思考，冷靜地採取對策**。

市場上的投資人大舉買進股票的現象又叫做「**risk-on**」。這是因為投資股票就一定得承受風險，所以才會有這樣的說法。

既然如此，思考如何與風險和平共處，擁有這樣的逆向思維就更顯重要。

明白重複的重要性

第二個準則是「**明白重複的重要性**」。也就是持續累積經驗，藉此**訓練自己不只在急跌和暴跌時，即便股價處於上升行情也能控制自身的心態**。

另外，不只在股價暴跌時，在暴漲的時候控制好自己的心態也很重要。

通常**一般人在看到市場暴跌時很容易驚慌失錯，被恐懼支配，因而陷入停止思考的狀態**。有時甚至會忍不住拋售，為了逃離痛苦而提前停損出場。

然而愈是在暴跌或急跌的情況下，愈應該控制好自己的心態，冷靜地進行投資判斷。

累積豐富經驗的
投資者
不論何時都能
保持冷靜。
經驗
經驗
經驗

☑ 你知道失敗始於何時嗎？

諸如此類的建議，我想在其他股票投資書中應該也經常出現。但本書想要強調的是，除了暴跌行情之外，關注暴漲行情時也應該小心注意。

「為什麼，暴漲不是一件好事嗎？」

「難得股價行情看好，就不能稍微開心一下嗎？」

我彷彿能聽到一些讀者開始抱怨。

然而，當你產生這種想法的那一刻，其實就是失敗的開始。

基本上，我的想法可以簡單歸納如下：**所謂的股票投資就是一場只要抓對進場時機，「任何人都能獲利的心理遊戲」**。

除了可能會倒閉的公司之外，幾乎所有公司的股價都像鐘擺一樣，交替重複著上升趨勢和下跌趨勢2種行情。

只要能在這個鐘擺擺至最高點，亦即在最低價的時候進場，就算是在下跌趨勢中也能增加獲利（不過要在下跌趨勢中抓住逆勢上漲的波段，就連專業投資人也很難辦到）。

換句話說，**在股票投資中，最重要的便是進場時機**。

☑ 足以戰勝欲望和恐懼的堅強心智

暴漲或連續好幾天上升的股價，很容易讓人的心理處於興奮狀態。

你的內心總是時時刻刻都在變化，當遇到連續的上升行情時，過往的恐懼和迷惘將一掃而空，轉而被欲望所支配。

在股價暴漲時，人很容易感到焦慮，滿心想的都是「再不快點買進就要錯過獲利機會了」。尤其是當自己關注已久的股票突然急漲時，更容易產生深怕自己來不及搭上車的焦慮感。

如果你是剛開始投資股票的新手，相信一定有過那種心跳突然加速，全身血液都在沸騰的經驗吧？我在20年前也是一個剛進入股市的投資新手，非常瞭解那種感覺。

這是一種跟前面提到的恐懼恰恰相反——內心被欲望占據的狀態。

不過這裡所說的恐懼，主要是因為手上握有在錯誤時機進場買進的股票而產生的。**假如證券帳戶裡沒有任何股票，或是現金持有率仍然很高，那麼暴跌行情反而有可能是進場的良機。**

換句話說，這是一個先有雞還是先有蛋的問題。在被欲望支配的暴漲行情中，若沒有正確控制自己的心態，那麼這波暴漲未來將成為恐懼的根源。

如此分析下來，相信你應該明白為什麼**控制自己是一件非常重要的事**了吧。

頂尖3%投資者的準則③

瞭解投資人的行為心理

第三個準則是「**瞭解投資人的行為心理**」。尤其要知道股票投資中「失敗者的心理與行為模式」。

為什麼大半的投資人都無法長期穩定獲利呢？用最簡單的一句話來解釋，就是「**內心被欲望或恐懼支配，做了本來不應該做的事**」。

於是，他們就這樣失去了好不容易賺到的錢。

不瞭解自己，
單憑衝動和氛圍
進行買賣，
將失去資產。

☑你知道自己擅長哪種行為模式嗎？

「將決定要做的事情變成一種規律」，像生產線一樣去執行它，對投資來說很重要。

「因為現在網路上都在討論這支股票，所以我也打算買進。」

「因為某個知名部落客推薦這支股票，就算沒現金也要透過融資買進。」

如果抱著上述的心態，憑著一時的衝動去進行買賣，結果必定會賠大錢。

總而言之，**重點在於不要出於一時的衝動或受氛圍影響，而是要建立自己擅長的行為模式**。確實理解這點之後，還要把自己選擇的投資方法變成一種規律。

舉例來說，如果你很擅長解讀財務報表，就可以專注在財報季進場交易。

確立自己的投資風格，然後堅定不移地持續下去，只做應該做的事情——我希望各位能從本書學習建立這樣的心態。

許多投資人心中都希望「不需要做太多麻煩事，可以輕鬆地賺錢」。

但現實是，如果不善加蒐集資訊，做好那些麻煩的工作，就很難在投資中獲利。

本書也會談及這些現實面的問題。

坊間充斥各種標榜**「輕鬆賺大錢」的投資法門，這些都是與獲利背道而馳的行為**。請不要被花言巧語所迷惑，而是要認真面對自己的內心，搞懂包含這類心態在內的人類基本心理。

愈是熱衷於股票投資的人，其實愈容易落入導致投資失利的行為模式。

股價的變化究竟會使人產生何種心理，導致什麼樣的行為呢？從下一章開始，本書會介紹在投資時總是賠錢的人，具有哪些心理特徵。

只要熟知這些特徵，就能避免自己成為投資失敗組的一員。

使你成為投資勝利組的2種思考方式

投資勝利組究竟是如何克服那些容易導致投資人萌生恐懼和欲望的心理弱點呢？詳細的內容我會在第3章進行解說。因此在本節中，我想介紹經由調查20萬人所發現的投資勝利組的思考方式。

☑ 直覺式思維與邏輯式思維

我們常透過2種思考判斷的途徑來理解與分析各種事物，即「**直覺式思維**」和「**邏輯式思維**」。

直覺式思維又叫做「直列型思維」，是**根據過去累積的經驗，順著第一眼看上去的感覺「快速判斷的思考方式」**。它的特徵是反應速度很快，但有著容易被恐懼或欲望等情感

直覺式思維
邏輯式思維
投資股票的時候
先用直覺式思維導出結論
跟日常生活相反！
再用邏輯式思維檢視與反思，可得到更好的結果！

影響的缺點。

現代人類的祖先是來自非洲的疏林草原，生死往往取決於一瞬間的判斷，生存十分不易。

由於天敵不知何時會突然從天空或是岩石後方出現來襲擊自己，為了保護自己免於遭受敵人攻擊，人類在演化的過程中學會了直覺式的思考方法。

然而，我們在漫長的演化中還學會了另一種思維模式。那就是又被稱為「並列型思維」的邏輯式思維。

簡單來說，這種思維就是**像堆疊積木一樣思考的「演算法思考」**。邏輯式思維需要縱向和橫向組合各種資訊，比起直覺式思維更花時間。但相對地，這種思考方式可以透過深思熟慮來拓展選項，不只能從點，還能從面得到合理的解答。

☑ 與日常生活完全相反的大腦使用方法

儘管平常沒有意識到，但我們都擁有這 2 種思維模式，並且巧妙組合這兩者來進行各種決策。

以我自己的經驗來說，尤其是在投資股票的時候，我發現**先用直覺式思維導出明確的結論，再用邏輯式思維花時間慢慢檢視與反思，可以得到更好的結果**。

這是一種跟我們日常生活完全相反的用腦方式。

然而一如我開頭所說的，**在投資股票時，與群眾的心理背道而馳更容易成功**。

順從直覺，採取跟大多數人相同的思考模式和行動，是很難在股海中勝出的。

而用邏輯式思維針對結論反覆深思，則可避免掉入投資時常見的陷阱，減少行為財務學中的偏誤。

請掌握自己的思考習慣，並抓住克服弱點的機會。

投資存在心理上的陷阱。為了克服這個弱點，把2種不同的思維模式當成武器，並最大限度地加以活用——是否擁有這些知識，未來將會產生極大的差異。

為此，**掌握本書第3章介紹的行為經濟學與行為財務學的各項要素和特徵非常重要**。

第 2 章

為什麼9成的投資人都賠錢？

你也有這些毛病嗎？
揭露投資失敗者習慣的心理測驗

本章會透過投資心理學的思維和分析方法，介紹投資時總是賠錢的人會有的行為。從行為經濟學和行為財務學的角度來研究，有助於我們分析頂尖3%的投資勝利組在市場暴跌時究竟是如何行動的。

本章也會介紹投資勝利組採取了哪些行為模式和策略，才能在投資上獲得成功。光是瞭解他們的思考方式，至少就能讓你成為一名不易賠錢的投資者。

以下的內容是基於外國某大學的實際研究資料。

在研究過靠著股票投資累積上億資產，或是成功實現FIRE（光靠投資利息就能維持生活開銷而提前退休）的投資人之後，我發現這些實踐穩定獲利法則的人都擁有同樣的思維。

在介紹投資勝利組的思維之前，我想請你先做個測驗，看看你屬於哪一種心態的投資者。這項測驗一共有10題，內容比較多，請耐心將其完成。

那麼，首先是第一題。

問題 1

聽到一筆投資「穩賺不賠」、「百分百賺錢」時，你會有何反應？

在投資的世界裡，假如有人告訴你「穩賺不賠」或「百分百賺錢」，那你基本上可以直接認定那是詐騙。

這世界不存在穩賺不賠的股票投資方法。「絕對」這兩個字也是禁忌。即使是最頂尖的投資人，能有6～7成的勝率就很了不起了。

所以如果有人告訴你，他知道某種穩賺不賠的投資方法，或是鐵定賺錢的進場時機，你可以合理懷疑對方的目的是在推銷其他投資商品，或是吸引你成為付費會員。

因為要是真的存在穩賺不賠的投資方法，正常來說是不會告訴任何人的。

問題2

某位有10萬跟隨者的人氣散戶投資人在Twitter上發布推文「〇〇公司的股票可以買」。請問你會買嗎？

不會用自己的腦袋思考的人，是不可能在投資中持續獲利的。

所有累積龐大資產的投資者，如華倫・巴菲特、ＳＢＩ控股公司社長北尾吉孝等傳說中的投資大師，都會說類似的話。

我們不妨說，像這種等級的投資勝利組，他們的行為心理所依據的就是這個重點，而這是他們的最大公約數。

然而實際上，有不少人會對網路或YouTube上的資訊照單全收，盲目買進那些謠傳能賺錢的股票，或在看到某某分析師的預測後，只因為「〇〇老師說要買這支股票」就進場。

參考各方投資人或分析師的發言並非壞事。然而，重要的是「**最後還是要用自己的腦**

袋思考、過濾」。否則的話，就不可能成為投資勝利組。

原因很簡單，說得更白一點就是，因為那是「**蠢蛋的行為**」。

蠢蛋總是在模仿別人的行動。但當蠢蛋在做這些事情的時候，聰明的人早就已經逃之夭夭。

投資就像是玩抽鬼牌一樣。如果你總是當最後拿到鬼牌的那個人，那你永遠都不可能在投資中獲利。

當愚蠢的投資人聽到買這支股票會賺錢而跳進市場時，聰明的投資人可能早就開始脫手了。

COLUMN

我在研討會上必教：聰明投資者會做的最後一件事

投資股票最危險的時刻，就是股價在天花板附近猛烈上升過後。因為當股價之後一口氣暴跌時，大家都會爭先恐後地搶著「賣出」。

在最壞的情況下，由於市場上找不到買家，股價將會不斷快速地往下跌。

在這種恐慌性賣壓出現之前，聰明的投資者會在安全的時間點提前脫手。因此習慣在股價上漲後才進場的人，必須對上述現象背後的原理有充分的認識。

聰明投資者會做的最後一件事，就是讓愚蠢的投資人知道「自己手上的股票可以賣到高價」。因為他們知道這個時間點正是愚蠢的投資人最感興趣，表現出強烈欲望的時候。

光憑他人提供的資訊或模仿他人來進行投資，最後必定會自取滅亡。因為你永遠是那個在不利的條件下買在高點的人。

就算僥倖賺到一、兩波行情，但如果不懂用自己的腦袋思考，或是停止思考，那麼總有一天會淪為被聰明投資者收割的韭菜。

所以，用自己的腦袋思考來取得成功非常重要。為此，你必須快速累積經驗，否則絕對無法在投資這條路上走得長久。

我在研討會上常用辛辣的言詞來形容這是「蠢蛋去當韭菜被人收割的行為」。雖然講得有點難聽，但如果不用這麼尖酸的方式表達，就很難讓散戶改變他們的行為。

問題3

你關注已久的股票開始下跌了。請問你認為是否應該等到股價觸底後再買進？

我要不厭其煩地再強調一遍，**進場時機就是股票投資的一切**。即使是投資老手，也不可能每次都抓到最好的買股時機。換句話說，不可能預知股價究竟何時會觸底。

所以在股價跌到一定程度後，能剛好買在樓地板附近就算是相當幸運了。

正因為明白這個道理，**專業的交易者和投資老手並不會等股價觸底後才進場買入，而會事先設定好一個價格區間，一邊密切觀望，一邊在谷底附近分批買進**。

講白一點，就是等股價下跌一段後先買一點，再下跌一段後再買一點。

投資界有句格言：「**魚頭魚尾不要吃。**」乍看之下，魚頭魚尾不吃很可惜，但其實有時候捨棄魚頭魚尾反而更有效率。

人是一種貪婪的生物。因為內心存在「欲望」，所以我們很難保持冷靜判斷。

換句話說，重要的是你要如何控制自己的欲望。

問題 4

你認為那些年紀輕輕就資產豐厚或財務自由的人，大多是投資沒幾年就成功，一獲千金的挑戰型投資者嗎？

一般我們所知的富裕人士，幾乎都是腳踏實地儲蓄，並把存下來的錢拿去投資，花很長的時間才滾出大筆資產。

我想可能有不少讀者以為，近年來新聞報導中常見的財務自由者和百萬美元富翁，都是靠著一獲千金致富的挑戰型投資者。

但我認為能在短短幾年就賺到上億日圓的幸運兒，在所有靠投資成為百萬美元富翁的人當中，應該屬於占比不到1％的少數派。

那些靠炒股賺錢的人，絕大多數都不是真正的百萬美元富翁。**大部分的百萬美元富翁都是老實在公司上班，節儉地使用賺來的薪水，並盡可能把錢存下來拿去投資，腳踏實地花很長時間累積資產的人。**

在行銷業界，對於太小眾的意見，有時候在計算時會刻意不填入具體數字。因為它們實在屬於極少數，無法預測變數出現的機率。其中有些人可能是因為想博取關注，也可能是因為討厭該品牌而故意表現出那樣的言行。

明知如此，卻還是去相信那些極少數且充滿變數的發言，妄想藉此一獲千金，這樣的投資者會失敗，從某種意義上來說，也是理所當然的事。

問題5

假設某天你跟一個身為專職投資人的大學同學聚餐。他看起來比以前當上班族時過得更好。你會因此也想成為專職投資人嗎？

輕易辭掉工作去當專職投資人，試圖在短時間內把手上的100萬變成1億，是要承受非常大的風險。

原本，**如果是以穩健運用資產為前提的話，股票投資可算是一種非常穩當的投資理財方式**。

但若刻意執著在成功機率很低的當日沖銷（日內交易），或是放大槓桿進行投資，很顯然總有一天會發生重大意外。

因此，**我建議你成為一個業餘投資者，把投資當成副業，像我自己也是這麼做的**。你的資產來源應該只有一半是來自投資收入，剩下的一半則是來自經營個人事業或當僱員所獲得的穩定收入。每個月穩定的薪資收入也是堂堂正正的資產。

你自己就是擔保人。一般常說公務員更容易向銀行借錢，就是因為公務員穩定的收入被視為一種可靠的資產。

此外，**成為一名專職投資人之後往往會因為承受過多的壓力，在心理上會更容易受到傷害**。

很多人在晉升為專職投資人後，便沒辦法再像過去一樣冷靜地進行交易，結果賠掉很多錢。股票投資和你的心理之間，就是存在這種切不斷的關係。

「**不要只靠投資為生**」——尤其是年輕人，我強烈建議你不要這麼做。實際上，有能力只靠投資維持生計的人，不是比起安穩的日子更喜歡刺激生活的人，就是對風險的承受能力比常人更高，再不然就是會廢寢忘食地投入在一件事上，把它鑽研到極致，也就是擁有超強特殊能力的人。或者也可說是具有這種性格的人。

如果你現在已經有一份穩定的工作，那就腳踏實地慢慢存錢，用存下來的錢去投資。

問題6

你是否曾經參加由證券公司主辦的投資課程，並在Q&A時間問過主講人「請問現在應該買哪支股票比較好」？

我每年都會數度受邀到證券公司舉辦的投資課程中擔任客座講師。大部分的時候都是由主辦方設定主題，再請我就該主題進行演講。

而主題大多都是「靠股票賺到5億日圓的投資法」、「初學者也能輕鬆實踐的波段投資法」等等。

然而，每次在看課堂最後收回的問卷時，總能看到「我想知道現在應該買哪支股票比較好」、「請分享一下馬上就能獲利的題材股」等問題。

就連在Q＆A時間也總是會有幾名參加者，熱切地詢問我有沒有值得買的股票。

同樣地，有很多人看投資雜誌也只關心上面刊載哪些推薦的股票。

當然，調查這些資料，然後比較各方訊息，自己思考過後再來投資並無不妥。

但是，**請不要對別人提供的資訊或推薦的投資標的照單全收，不加思索地進行投資**。

因為到頭來，**就算真的成功獲利，你也還是不知道「為什麼會獲利」**。

不知道原因的話就很難重現相同的過程，也無法再次得到同樣的結果。換句話說，持續保持勝算是不可能的。

如此一來，你將淪為沒有別人提供資訊就無法成功獲利的「搭便車投資人」。

而且會對別人提供的資訊照單全收的投資人，也往往具有**容易將失敗歸咎於他人、不**

會自我反省的傾向。

問題7 你曾有過找到絕佳的進場時機，卻因為害怕風險而不敢買進的經驗嗎？

也許你會感到很意外，但**對金錢過度執著的人也同樣不適合投資**。所謂對金錢執著的人，就是容易被第3章將要介紹的「損失規避偏誤」影響，無法承認自己犯錯的人。

只要持續從事投資，就絕對無法避免因為失誤而虧損。即使是專業投資法人，也會發生連續虧損的情形。

對金錢過度執著的人在遇到這種情況時，不僅不會承認失敗，還會緊抓著被套牢的股票不放。又或是被不想賠錢的強烈執念困住，不敢在應該承受風險的時候動用現金。

然而，**股票投資也是一門生意。不承擔風險就不可能獲得報酬。**

舉例來說，我自己在經營公司的時候，就遇過好幾次必須「**先損後益**」的情況。

像是僱用新員工，一開始也是先賠錢。還有辦公室搬遷、購置新電腦也一樣。為了獲得這些資產，不得不讓現金流暫時變成負值。

儘管如此，為了在未來獲得更大的收益，我仍會持續投資。換句話說，重要的是算出未來的報酬和期望值（這叫做風險溢酬），然後暫時忍耐當下的虧損。

問題 8　你對賭博有興趣嗎？

這是在某間大學的研究中實際出現過的問題。

該研究的結果發現，**對賭博沒有興趣的人，反而比較適合投資股票**。

這個結果也許會讓你感到有點意外。然而，一時血氣上衝而把財產投入賭局的行為，本質上是出於人的憤怒。

這種行為只不過是把自己無法控制的怒氣，一股腦地發洩在眼前的賭局上罷了。

實際上，在投資股票時不懂得管理怒氣，無法控制情緒的投資者，失去資產的可能性更高。

相反地，能與憤怒保持距離，冷靜地依循自己事先訂下的規則來操作，這種人比較適合投資股票。**投資時最大的禁忌，就是放任怒氣而無視規則行事。**

我再重複一遍，是否適合進行投資與一個人的性格有關，而有人適合，有人不適合。

問題 9

○○正受到投資人關注，它的題材股也迅速飆升，網路上零星可見有人分享自己一夕致富的心得。你會對此產生興趣嗎？

這是個很有意思的觀點，我認為**「就是喜歡跟別人唱反調」的人，更適合投資股票**。

跟隨群眾採取相同的行動是很難在股海中勝出的。不如說，這麼做更容易被一時的熱潮影響，盲目去追逐新上市或小公司的股票等當下流行的題材股。

如何？各位是否也有相同的經驗呢？

這類投資者的一大特徵，就是特別容易變成被投資老手或專業投資法人收割的韭菜。

我認識一位專業投資人，他的投資技術可說是一流。

然而，他不論是在投資還是私生活方面都很特立獨行，充滿叛逆反骨的精神。觀察其他擁有上億身家的投資者，很多人都有這種傾向。

他們都討厭過著跟別人一樣的人生。正因為如此，他們才不畏勞苦選擇了靠投資為生這條路。

他們的投資成績格外突出，普通的上班族絕對模仿不來。這種人多半對大環境的變化很敏感，能夠洞察事物的本質，對輕易跟著大多數人走這件事感到抗拒。

問題 10

你認為對網路或投資雜誌上的資訊抱持懷疑的態度，容易使人錯過絕佳的買進時機嗎？

我認為**有一些疑心病重的人，或是個性謹慎的人，也比較適合進行投資**。反過來說，對事物不會深入思考、行事草率的人，並不適合從事投資。

順帶一提，這裡所說的謹慎並非指膽小。這種類型的人不會馬上下決定，而是會自己先調查一遍，反覆推敲直到全盤理解為止。

他們會進行各種嘗試，直到找出自己可以接受的做法。這樣的人通常很瞭解自己的個性適合和不適合哪些東西。

他們就算讀過很多書，在網路上蒐集很多資料，也不會照單全收，而是會先判斷「適不適合自己」。

「那真的是我擅長的領域嗎？」

「就算別人做得到，但我做得到嗎？」

他們能夠進行這種客觀的思考。

請你學習這種人的做法，在判斷一件事情時，不要輕信別人說的話，養成自己先調查一遍的習慣。

也許有些人會認為，在投資股票時這麼做，可能會錯過最好的買進時機。然而，**市場並不會跑掉不見**。即使5年後、10年後，它還是依然會在那裡。

相反地，暫時讓心情平靜下來，用自己的力量獲得新的知識，這些知識之後將會化為養分，成為你邁向成功的基石。

YouTube和Twitter等社群媒體上的資訊也一樣。**看過、接觸過、思考過，然後自己下結論**——這個過程非常重要。

COLUMN

利用零碎時間邊聽YouTube邊吸收資訊

我身為一名財經投資YouTuber，當然也常常利用YouTube來蒐集資訊。

我平日主要是利用從家裡前往職場的這15分鐘來收聽。現在我很習慣把YouTube當成廣播節目來聽。

此外，我也會利用在浴室泡澡、刷牙、打掃，或是進行深蹲和伏地挺身時的「零碎時間」播放來聽。

同時我會把播放速度調整成1．5倍速。用這個倍速播放，我一天可以輕鬆收聽10支影片左右。

股票市場的變化就像鐘擺

在瞭解投資勝利組和投資失敗組的心理之後，接下來我想談論投資人的心理週期這個主題。

對於股票的初學者而言，有一種王道的投資方法是鑽研市場週期來提高投資勝率。

如果你是一個正準備要投資股票，但還沒有任何經驗的菜鳥，比起學習基本分析或技術分析，我認為你應該先學習市場週期。

學習市場週期，可以讓你得知投資人是在何種心理狀態下投資股票，以及投資人的欲望和恐懼心理會如何影響市場等等。

同時也可以從股價圖的變化看出投資人心理，判斷現在的股價究竟是偏高還是偏低。

那麼，接著就讓我們來看看投資人的心理週期，也就是我們的內心究竟是如何擺盪波動的吧。

☑ 什麼是隨機漫步假說？

經常有人說，**股票市場的變化跟鐘擺十分相似**。

你想像得出鐘擺是怎麼擺動的嗎？

簡單來說，鐘擺會由一端的最高點擺盪到另一端的最高點，不停地擺動。

鐘擺的擺錘在擺盪到一端的最高點後，接著會盪回原點，繼續朝另一端移動。擺盪到另一端的最高點後，接著又會盪回原點，繼續朝另一端移動。就這樣從一端到另一端，不停反覆地來回擺盪。這便是鐘擺原理的特性。

大家是否回想起小學自然課的內容了呢？

股票市場也跟鐘擺運動一樣，基本上總是在欲望和恐懼2種情緒間來回擺盪。又或者可說是在高估和低估之間來回波動。

相信很多人應該都有聽過「隨機漫步假說」。該假說認為，**股價的動向就像醉漢的腳步一樣是不可能預測的，即使是投資基金的專家也不可能猜中**。「隨機漫步假說」有時又叫做「隨機漫步理論」。

此一假說的獨特之處在於，它否定了根據價格的歷史變化或趨勢來預測未來的技術分析之有效性（不過我認為技術分析是有效的，這部分會在本書的後半部詳述）。

股票市場就像鐘擺一樣，被肉眼看不見的力量反覆推動，不停地來回擺盪。

基本上，股價幾乎不會按照投資人的預期止漲止跌。一支股票的合理價格應該是多少，全都只是技術分析師或財經評論家提出的想法，而現實總是不如人意。

理由很簡單，因為股價就像鐘擺一樣是在投資人的恐懼和欲望作用下，被左右來回推拉。

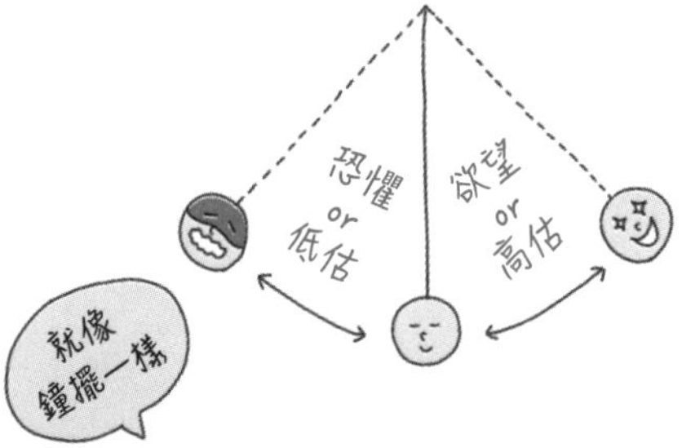

股票市場也會反覆地來回波動。

儘管非常罕見，但有時也會遇到股價剛好落在預期價格上的情況。然而那也只是一瞬間，通常很快就會被推向更高或更低的價格，這便是股價的特徵。

上述就是市場近似於鐘擺運動的基本理論部分。

總結來說，股票市場的動態之所以類似鐘擺原理，是因為股價的變化源自於投資人的心理。

☑ 投資人的心理狀態總是像鐘擺一樣左右搖擺

簡而言之，投資人常常前一秒還貪得無厭，下一秒就馬上陷入恐慌。而等到股價開始反彈又會再度被欲望支配——**散戶投資人的心理常常處於不平衡的狀態**。

人類是一種很有趣的生物，心態樂觀時會很積極大膽，欲望高漲並不顧一切地追逐利益。此時人會一廂情願地認為一切都會水到渠成，不論看到何種新聞訊息都傾向用對自己有利的角度來解讀。

另一方面，人一旦抱持負面思考，就會變得對一切都感到悲觀。此時人對於失去錢財會感到極度的恐懼，很容易採取消極退縮的行動。

人類的這種心理，正是造成股市行情起起伏伏的原因。

人的心理會被股價操弄，才會在原本應該耐心等待理想股價出現的時候，感到心癢難耐而動搖。

因此當股價上漲時，投資人會競相進場投資，而當股價開始下跌時，又會為了避免賠錢而爭先恐後地逃離。

一旦這種行為大量出現，便會形成泡沫導致市場價格暴漲，或是引發恐慌性拋售潮。不久前的加密資產等商品也有類似的情況。

那麼，散戶投資人應該怎麼做呢？

掌握市場心理的3項要點！

股價是否受到適當的評價？

▼

投資人的心理狀態是恐懼？還是貪婪？

▼

自己的心理狀態是恐懼？還是貪婪？

▼

評估要不要進場！

首先最重要的是，按照行為經濟學和行為財務學告訴我們的要點，深入瞭解人的心理，從客觀的角度來審視市場。

必須仔細找出目前股價究竟位於鐘擺擺幅的哪一段。換句話說，就是要**冷靜地分析市場上的投資人與自己的「欲望」和「恐懼」**。

- 股價是否受到適當的評價而處於較低水準？
- 或是在普遍瀰漫的悲觀氣氛中，投資人受到恐懼支配才使股價偏低？
- 對比上述情況，現在的自己處於心理週期的什麼位置？

客觀分析這幾點，然後仔細地觀察市場，這對於能否成為投資勝利組非常重要。

等完成這些準備工作之後，再來評估要不要買進——也就是要不要進場。

用逆向思維找出優越性與稀有性

那麼，該如何從客觀的角度得知股價的鐘擺現在處於哪個位置呢？要做到這點，我們只需思考本書所介紹的人類心理，再找出答案就行了。

☑ 將強勢訊號看作賣出時機

舉例來說，最近存在感愈來愈強的YouTube和Twitter，又或者是從以前就被許多投資人當成資訊來源的部落格、網路討論版和新聞媒體。你是不是也曾在這些地方看過以下文字呢？

「再等幾個月，機會就沒了！」

「如果更早開始投資，就能輕鬆賺大錢了。」

「聽說使用高槓桿投資美股，就能百分之百成為億萬富翁喔。」

這些都是群眾投資心理，屬於市場的強勢訊號。

根據我23年的投資經驗，當這些訊號出現時，就是應該認真考慮賣出持股的時候。因為這代表投資人的心理鐘擺已經擺盪到最高點。

但請不要誤會，任何人都會對股價上揚感到興奮，想多賺一點是再自然不過的欲望。

我自己也一樣。在多年的投資經驗中，也有好幾次因為無法控制自己而慘賠。

華爾街的專業投資人也是如此。

那些被譽為傳奇的投資大師，在晚年因為過度自信而破產的例子比比皆是。對投資人而言，要控制自己就是這麼困難。

正因為如此，**透過本書學會行為經濟學和行為財務學非常重要**。

我之所以刻意用投資理財書中較少見的「投資心理學」當書名，也是出於這個原因。

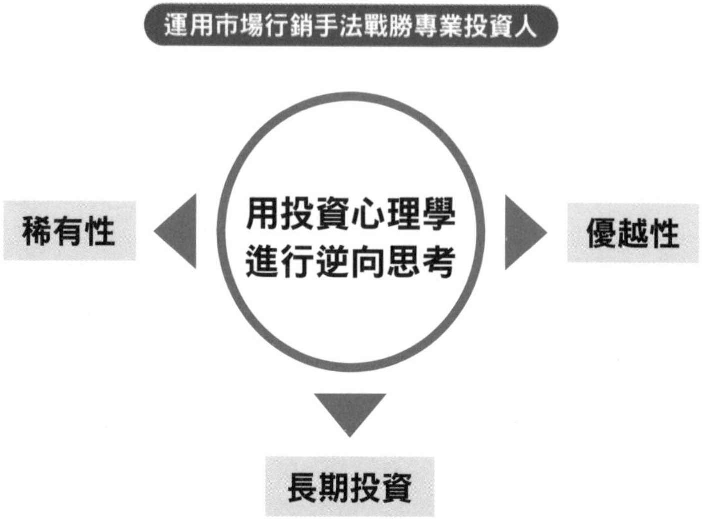

換句話說，重點是要具備逆向思維能力。

我們可以這麼想：**既然就連專家也很難辦到，那麼只要強化這個部分，就算是散戶投資人也能找出優越性與稀有性**。

我長年擔任市場行銷顧問公司的老闆，自認非常熟悉戰勝對手的方法。

☑ 運用投資心理學來思考買點

那麼，接下來我們改用投資心理學來思考買點。跟剛剛相反，當身邊絕大部分的朋友、Twitter，以及當前正紅的財經投資YouTuber都在哀嚎：

「抱歉。我決定明天撤退了。」

「黑色星期一重現。股票可能會變成廢紙。」

「早知道就不要相信那傢伙了。那傢伙是騙子！」

這時，投資人不是被悲觀的論點左右而迷失自我，就是內心被恐懼占據。換句話說，**我們可以認為此時已接近市場週期的「買進時機」**。

像這樣運用投資心理學洞悉人的情感能量或群眾心理，便能客觀地掌握市場週期。也就是說，「**找出現在市場的鐘擺處於哪個位置，洞悉群眾的心理朝哪個方向擺盪**」這件事，在投資心理學中非常重要。

世界知名的華倫．巴菲特也曾說過類似的話。

「**當別人愈是欠缺謹慎的時候，我們愈該小心行事。因為，那裡正是金礦所在。**」

我認為這段話非常準確地體現出接下來將進一步詳細介紹的行為財務學的原理原則。

現在有哪些資產被低估？是股票，還是黃金？又或者應該先暫時把資產換成現金，放在銀行裡，才是增加資產的最好策略呢？身為一個投資者，並不一定要無時無刻都把資金用於投資。**換成現金靜待時機——這也是很好的投資策略**。

日本知名的戰國武將，大多是透過挑選「時機」來引導軍隊走向勝利。贏得桶狹間之戰的織田信長，以及在關原之戰稱霸全日本的德川家康皆是如此。說不定多等一會兒，市場價格就會跌到最低點——如果你這麼認為的話，不妨暫時抱著現金，這樣之後反而能放大投資機會。

相反地，當你完全放鬆警戒的時候，便會遭受令你痛不欲生的反擊。根據我的經驗，我敢百分之百斷言。請大家務必要記住。

投資股票最難的就是建立規則並運用它

為什麼我們常常會覺得操作股票很困難呢？

這是因為股票的買賣操作存在無限多種組合。正因為非常自由，才讓人覺得很難。

假如只需從少數幾種模式中，像抽籤一樣隨機選一個，相信沒有人會覺得很困難。不過這麼一來，股票投資就會變成純靠運氣，也許就不會有人想投資股票了。

所謂的操作，包含財務分析、指標分析、選擇進場時機、停損、停利、觀望等各種選擇。而我們必須建立基本規則，並有紀律地組合運用它們。

這就像是要你擔任司令官去管理一支軍隊。所謂的投資戰略就是這麼一回事，而你眼前存在無限多的選項。

其中最難的就是心態管理，亦即「建立規則並有紀律地使用它們」這部分。

☑ 你有建立自己的交易規則嗎？

坊間有很多投資理財的書籍，但有談到心態管理核心內容的書卻極少。大概是因為這是個很難用言語描述，而且也很難處理的主題。

然而，**股票交易的本質就是一場金錢遊戲，你可以建立一套屬於自己的基本規則，由你扮演司令官的角色，自由地從這些戰略選項中加以選擇並統合運用**。

而能意識到這種自由選擇背後的「困難之處」，代表這種人很注重心態管理，亦即有意理解投資心理學。

然而，**真正懂得建立自我規則的必要性，並實際有所準備的投資人卻少之又少**。

正因為很少人這麼做，所以確實擬好對策、事先有所準備的人，才能成為「投資勝利組」，在股市戰場中取得競爭優勢。

在這個選擇自由而無序的世界，你必須建立屬於自己的規則，並運用這套規則來進行決策。

為此，首先你必須瞭解投資心理學的基本規則。

那麼，該怎麼做才能建立紀律，做出負責任的決策呢？以下會介紹能幫你達成此目標的3項基本規則。

基本規則❶

不被情感左右，保持一致性

第一個基本規則是「**保持一致性**」。

所謂的一致性，就是將前面介紹的「恐懼」、「迷惘」、「欲望」等情感的影響從內心根除的狀態。

但你不必做到百分百完美。

因為要把恐懼和欲望等情感從心中完全去除是不可能的事。

那麼，「保持一致性」究竟是什麼樣的狀態呢？

讓內心處於平衡的狀態。
不要太貪心。
不要太消極。
不要太勇敢。
不要太膽怯。

也就是**讓自己的內心處於平衡狀態，不要太勇敢，也不要太膽怯；不要太貪心，但也不要太消極**。

然而，股票投資不是宗教修煉。很難輕易達到無心無欲的狀態。

☑ 投資失利有 9 成的原因都出在自己身上

23年前我剛開始接觸投資的時候，當時的社會風氣不像現在鼓勵大眾參與投資，一般人普遍也不瞭解投資理財的觀念。

所以市面上的股票投資書，大多都是跟哲學著作一樣艱澀難懂的讀物。

如果從第一頁就告訴你「投資股票想成功，首先要達到無欲的境界」、「投資就像冥想一樣」，就連我也會忍不住想打退堂鼓。

那麼，本書所說的一致性，究竟是什麼東西呢？

簡單來說就是在積極包容恐懼和欲望等人類與生俱來的情感同時，清楚認知到自己身為司令官的角色與責任，時常讓內心處於平衡狀態，避免這些因素影響自己的交易表現。

舉例來說，投資股票失敗的人最常犯的一個毛病，就是在操作失誤時過度自責，變得膽怯畏縮。

比起自責，**此時更應該思考「為什麼我會犯這種錯誤」，仔細分析自己的心理狀態，並尋求改善的方法**。

基本上，投資失敗絕大多數都不是外部因素造成，而是內部因素導致。換句話說，**失敗有9成的原因都出在自己身上**。

只要手上持有的倉位不要太大，就不會賠太多錢。

讓時間變成你的盟友，稍微延後進場時機，那麼暴跌反而可能是機會。

你的心態是導致你失敗的原因，意識到這點非常重要。

基本規則❷

認識構成市場損益的中立性

第二個基本規則是「**認識中立性**」。

股票投資不是一個人玩得起來的遊戲。必須有人當你的對手，這個遊戲才玩得起來。而且，你的對手有來自全球的專業投資人和專業基金經理人等超強團隊。

並不是「先有我，才有對方」，而是「**有對方，也有我**」。雖然只是很細微的語意差異，但抱持這樣的認知非常重要。

☑ 能依賴的永遠只有自己

有一方獲得利益，就代表另一方蒙受損失。只要從心理上擊潰對方，就能從對方犯的錯中獲利。因為虧損的相反便是獲利，就像打棒球或踢足球一樣，哪一方能在技術和心態方面保持一致性，哪一方就更具優勢，可以因此獲利。

我希望你不要去想市場上誰較有利、誰較不利，而是必須認知到市場損益的產生是基於維持其中立性。

對手不會保證你能獲利，也不會保護你的利益，更不會指出你犯了什麼錯。

這個世界沒那麼美好。你能依賴的，永遠只有自己。所以你必須隨時修正自己的軌道，像一顆持續轉動的陀螺，時時保持中立的態度來進行投資判斷。

基本規則❸

勿忘初心，採取正確的操作方法

第三個基本規則是「**勿忘初心**」。

初出茅廬的投資者，不知為何常常能在第一筆交易中大勝。這也就是一般常說的「初學者的好運」。

之所以會如此，是因為**剛開始投資股票的初學者在面對市場時，內心並不存在欲望或恐懼，而是對市場保持「一致性」與「中立」的態度**。

所以他們不會被「迷惘」、「苦惱」、「恐懼」、「欲望」、「過度自信」這5種情感束縛，而是在完全中立的狀態下開始交易。

這種態度正是本書所介紹的理想狀態。

☑ 你有試著瞭解自己所抱持的心態嗎？

然而，包含我自己在內也是如此，在經歷過成功與失敗之後，便會慢慢開始在交易時萌生欲望或恐懼等情緒，內心會記住那種高昂亢奮的感覺。**起初在理想狀態下進行投資的人，也會漸漸受市場波動左右。**

- **成功↓沒有抱持正確的心態↓想要控制市場**
- **失敗↓推卸責任↓被市場左右**

一旦變成這樣，就無法繼續在理想的狀態下進行投資。

想要從這種狀態中解放出來，唯有時時不忘初心，瞭解自己所抱持的心態。

投資勝利組的理想心態為何？

本章的最後，我們會解說投資勝利組的理想心態。

投資勝利組能夠保持一致的心態，在面對任何事時都能維持中立，不忘初心，並經常反省自己是否有用正確的方式交易，或是隨時提醒自己。

那麼，這些屬於投資勝利組的人都擁有什麼樣的心智呢？只要知道我們該以何種心智狀態為目標，就能知道努力的方向。

☑ 瞭解控制情感的技術

第一點是，**他們不會被過去的痛苦或狂喜所絆住，而是會經常審視自己的心態，努力做好準備以確保自己進行的是正確的操作**。他們瞭解這件事的重要性，並且持續改善自己的操作方法，努力維持良好的心態。

一旦心生恐懼或萌生欲望，無法在交易時維持一致性，就會導致嚴重的失敗。所以比起分析市場行情，他們更重視每天調整自己的心態。

為了在對市場行情感到恐懼、迷惘、貪婪或焦慮時也能進行正確的操作，必須有意識地維持一致性和中立性。

你必須清楚區分交易技術和控制自我情感的技術。

☑ 瞭解一般人無法進行正確操作的原因

導致一般人無法維持一致性和中立性並做出錯誤操作的另一個主因，在於人很容易過度關注該如何控制對手（市場）。這是第二點。

投資勝利組的人知道，**控制內心之所以困難，是因為某些投資人很容易落入慣性思考陷阱，妨礙他們去掌控自己的內心**。

關於這點我們會在下一章和本書後半部，透過具體的例子詳細解說。

只要能掌握投資勝利組的理想心態，不只是股票市場，包含加密貨幣和黃金市場在內，你也能找出投資人的心理週期和進場時機，藉以提升獲利。

雖然技術圖表分析和基本面分析也很重要，但我認為**投資心理學才是任何人都能提高投資勝率的王道投資技能**。

如此一想，是不是讓你忍不住想嘗試看看呢？

下一個章節，我們終於要開始具體介紹投資心理學中，各種以行為經濟學為基礎的武器，敬請期待。

第 3 章

透過行為經濟學學習！

投資心理學的武器

問題

2個信封裡各裝了3萬元。
偶爾奢侈一下好了——你如此心想。
請問你會先花哪個信封裡的錢呢？

A　母親辛苦工作存下來給你的3萬元

B　上週日打小鋼珠幸運贏得的3萬元

瞭解投資人的心理是成為投資勝利組的捷徑

你也許會感到有點疑惑，為什麼要突然問這個問題。你最後選擇了哪個答案呢？按照一般人的想法，應該絕大多數都會選B吧。我自己也一樣，十之八九會先拿B信封裡的錢來用。

不過，**2個信封裡的錢都是3萬元，在價值上並沒有任何差異**。信封裡的手寫信也許可以讓人感受到母愛，但就算把裡面的錢偷偷換成另一疊相同金額的鈔票，也根本不會有人發現。因為除了鈔票的面額價值，我們並無法從中感受到更多東西。

既然是相同價值的鈔票，那麼不論先用哪個信封裡的錢，結果都是一樣的。

但實際上我們卻不會這麼想。因為我們把信封裡的錢與老家的母親聯想在一起了。

換句話說，如果你在這個問題中選擇了答案B，就可以看出**你會下意識地被內心的情感影響，做出不合理的決策**。

☑ 與金錢有關的決策很容易被情感左右

行為經濟學是以人的本能行為當成模型。它的基本前提是**99%的人都會遵循本能來思考或行動**。

因此，行為經濟學得到的結論是「**人並非總是理性的**」。換句話說，人會受到心理因素的影響，頻繁地做出不合理的決策。

所謂的投資就是把資金投入金融市場，以企圖獲利的行為。

而一旦和錢扯上關係，人本來就很容易感情用事。

明明應該理性地評估損益再下判斷，卻只憑感情來做決定，往往很容易得到不合理的結果。

股票投資存在非常強烈的行為經濟學要素，換句話說，它其實是一種心理遊戲。

所以，一般人若是順從自己內心的聲音來進行投資，結果往往都不會順利。從某種層面上來說，這或許是一種自然定律。

這世上存在著一般人特別容易犯下的錯誤和出現的行為模式。熟記這些錯誤和行為模式，並與行為心理學相互對照，將之應用在投資中，才能夠百戰百勝。

這是本書最想告訴讀者的事。

那麼，具體來說有哪些錯誤和行為模式呢？我們又該如何把行為經濟學和行為財務學應用在投資中呢？接下來我們會一一講解。

投資心理學的武器❶

深入瞭解投資不成功的原因

展望理論

在這一章，我們會從行為經濟學中擷取對投資最有用的重點來進行解說。

首先就從著名的「展望理論」開始講起吧。

展望理論——相信只要是投資人，應該都聽說過這個理論。

這項理論屬於比較嶄新的心理學研究，因為２００２年諾貝爾經濟學獎得主丹尼爾・康納曼（Daniel Kahneman）的論文而傳播至全世界。

展望理論的內容主要是研究**人在不確定的情境中會如何進行決策**。

而投資的世界正是一個充滿不確定的情境。所以認識展望理論，有助於理解那些能幫

你在投資時持續獲利的心理機制。

☑ 為什麼老實人會變成賭徒？

首先要請各位回答2個問題。兩者都是二選一的題目。請不要想太多，用直覺來回答下列問題。

問題 1

請從下面2個選項中擇一。

A　無條件得到100萬元

B　投擲硬幣，如果出現正面可得到200萬元

請問你會怎麼選擇呢？

順便說一下，這2個選項所能拿到的金額期望值都是100萬元。

但是，絕大多數的人都會選擇可以100%獲利的A選項。

換句話說，**人在有機會獲利的情境下，傾向於選擇更穩健的選項**。

請問下一個問題你會怎麼選擇呢？

問題2

假設你背負了200萬元的欠債，而且還款期限迫在眉睫。
請從下面2個選項中擇一。

A　無條件得到100萬元

B　投擲硬幣，如果出現正面，欠債可一筆勾銷

這題跟問題1一樣，2個選項的期望值相同。不過，這題多了一個前提條件是「你背負了200萬元債務，還款期限已迫在眉睫」。請試著在這個前提下進行思考。

那麼，你會選擇哪一個選項呢？

其實關於這個問題的答案大異其趣，得到了非常有趣的結果。**即便是在問題1中選A**

的人，大部分在問題2中都會改選B。

如果冷靜地思考就會發現，這2個問題的A選項和B選項的期望值都是100萬元。從問題1的回答傾向來看，容易讓人以為多數人在問題2中應該會選擇能確實減少負債的A選項。然而，人的實際行動卻不同於預期。

也就是說，條件和情境的變化會對我們的心態造成很大的影響，使得許多人轉而選擇賭博性質濃厚的選項。

☑ 巨大的利益和虧損會打亂人對金錢的感覺

我們可以從這2個問題得到何種結論呢？

那就是**雖然乍看之下，人似乎總是用理性在做決定，但其實在不同的情境和條件之下，評估損益的方式會產生很大的差異**。

在可以得到額外利益的情境下，人會產生「**不想放過額外收益**」的心理，因而會盡可能地規避風險。

另一方面，在已經蒙受巨大損失的情境下，人在進行損益評估時會受到「**不惜冒險也要消除現在的虧損**」這種強烈的執念和焦慮感等情緒影響。

在行為經濟學中，這叫做「**損失規避偏誤**」。

為了更深入地理解展望理論，接下來我們就來解釋一下損失規避偏誤。

投資心理學的武器❷

無法停損的最大原因

損失規避偏誤

損失規避偏誤是行為財務學中，最有名的理論之一。它是用來解釋**人異常厭惡損失**的心理。

這世上喜歡損失的人應該少之又少。

所以在可以獲利的情況下，多數人傾向選擇能確實累積獲利的選項；而在蒙受損失的時候則會對停損敬而遠之，反而強烈地想要砸更多錢賭一把，看看能否攤平成本。

舉例來說，假設有人在牛市時穩健地進行小額投資，並穩定累積了不少獲利。然而，一旦遭受一次巨大虧損，即使是平常謹慎小心的人，也會做出令人難以置信的大膽舉動，賭上全部身家只為了挽回這筆虧損。

而損失規避偏誤就是在告訴我們，**想要規避損失的心理，反而會使人做出更多不合理的行為**。

☑ 即使金額相同，虧損給人的感受往往遠大於獲利

左頁的圖是展望理論中的「**價值函數**」。你不需要去背誦難懂的心理學術語，只要弄懂這張圖想表達的概念即可。

這張圖的縱軸是心理價值，愈往上代表一個人愈是感到「開心」、「快樂」等滿足的情緒。

另一方面，愈往下則代表一個人愈是感到「悲傷」、「痛苦」等不滿的情緒。

橫軸表示「利益」和「損失」之間的關係。愈往右表示利益愈高，愈往左則表示損失愈大。

展望理論的價值函數

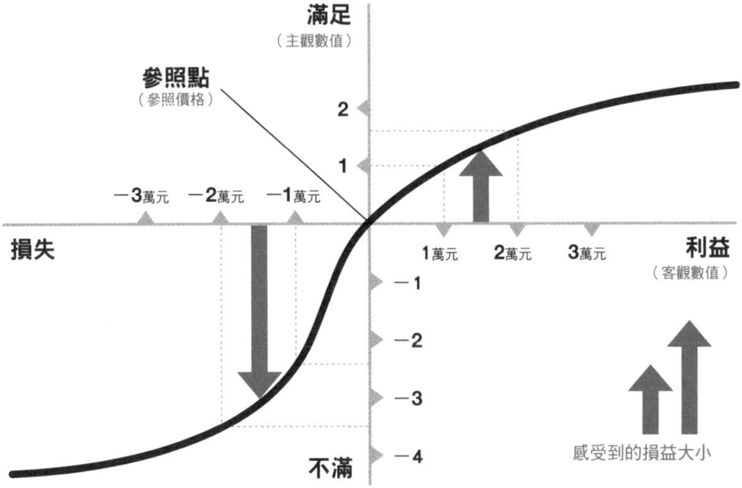

從這張圖可以清楚地看出，人在獲利的時候，心理價值是緩慢地上升；但在承受損失的時候，心理價值卻會呈現斷崖式下跌。

換句話說，雖然損、益兩方的帳面數字相同，但投資人所感受到的心理價值卻大大不同。

受到這種感受差異的影響，使用自己的錢來投資的散戶投資人，**很容易在賺取小額獲利時，極力想確保那種「開心」、「快樂」的感受，而在遭受巨額虧損時則會一再地採取行動，試圖消除心中的「悲傷」、「痛苦」**。

在先前的問題2中，人之所以傾向選擇擲硬幣出現正面就能還清債務的選項B，就是因為人的這種情感差異所致。

無法實現大賺小賠是有原因的

誰也無法預知自己買了股票之後，股價到底會上漲還是下跌。

因此，人的心中會萌生2種矛盾的情感。

第一種是**認為股價可能會上漲的期待感**。

另一種則是**擔心現在不賣的話，股價可能會跌更多的不安感**。

此時，在損失規避偏誤的心理作用下，**擔心「現在不賣，股價下跌可能會賠更多錢」的不安感通常會在內心膨脹，勝過認為「股價可能會上漲」的期待感**。

因此，一般人很容易在此時選擇提前賣出，了結獲利。

相反地，假如沒有停利，結果股價真的繼續往下跌，後悔當初沒有賣掉的損失規避偏誤又會再次出現折磨我們。

而所謂的投資，就是不斷重複經歷這種折磨。

大賺小賠。這是投資人想要獲利的唯一法則。

明明應該盡可能減少投資虧損、放大獲利，但遺憾的是，有9成的投資人都在做相反的事。

背後的原因正是損失規避偏誤在作祟。

心想股價總有一天會止跌，因而選擇持續觀望，結果不久後又傳出更壞的消息，導致股票進一步下跌。這種時候，**如果你無法果斷停損而被套牢，那麼問題不是你的意志力不夠，純粹是因為「認賠」帶給你的心理傷害超過了你對獲利的追求**。

投資心理學的武器 ③

金額愈大感覺愈容易麻痺
敏感度遞減偏誤

接著我們來看如果虧損進一步擴大的情況。

此時在「價值函數」圖上，便會出現一種叫做「敏感度遞減」的現象。簡單來說，就是損益金額變得愈大，人的得失感會逐漸麻木。

所謂的敏感度遞減偏誤，簡而言之就是「**金額愈大，人對價值變化的主觀感受就愈遲鈍**」的意思。

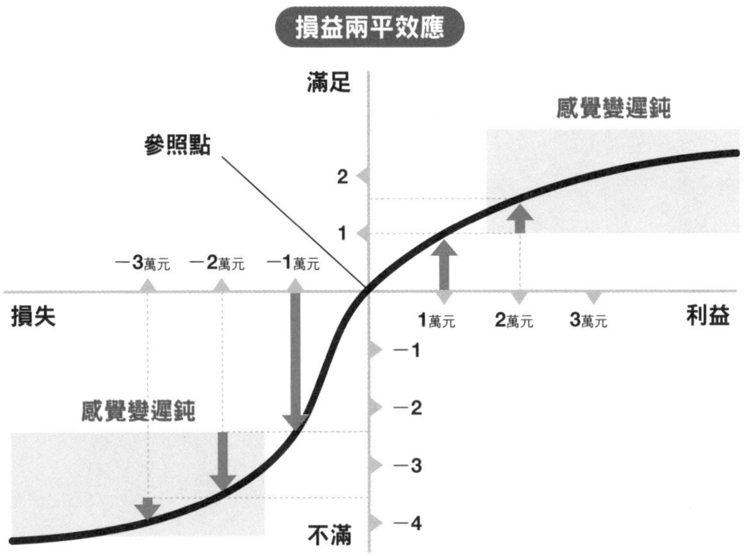

☑ 導致虧損加速的損益兩平效應

請各位看上圖的　部分。如圖所示，隨著金額變大，心理感受的曲線也變得愈來愈平緩。

雖然這種現象也會在獲利的時候發生，**但是虧損的時候更需要注意。因為它很容易使人為了規避重大損失而做出豪賭。**

當損失增加時，金額減少對人造成的心理打擊會比剛開始時來得輕，使人進入所謂「對虧損感到麻木」的狀態。

因此，人在這種時候為了挽回損失，便會做出更大膽的投資決策。這叫做「**損益兩平效應**」。一旦陷入這種狀態，假如預測落空的話，就會導致虧損加速。

距今10年前左右，曾有媒體爆出日本某間大型造紙公司的前老闆沉迷於賭博，結果賠了約上百億日圓。

這正是損益兩平效應的代表性案例。正常來說，人應該按照理性去行動，但實際做出的行為卻很容易被情感左右。

☑ 累積的經驗愈豐富，對投資失敗所產生的虧損愈麻木

為了讓各位更容易想像，我們直接套用股票投資的情境來說明吧。

剛開始接觸股票的初學者，起初都只有一點點資金，而且不會利用槓桿，採取的是穩固的投資方式。

然而，當人慢慢熟悉股票投資，有更多錢可以拿出來運用之後，便會開始接觸信用交易，願意承受更多風險來換取更高的回報，或是挑戰以一獲千金為目標的賭博式操作。

先不論這究竟是好是壞，主要是因為我們這些散戶投資人已經習慣了得失。這種心理狀態其實很類似賭博成癮的初期症狀。

換句話說，比起剛開始投資的時候，人對於「賠錢的痛苦感」已經麻木。你可以這麼理解。

可以說許多散戶之所以會為了挽回虧損而不惜動用槓桿，慘被套牢，就是因為不瞭解人的這種心理。

當投資人**忘記我們在前一章談過的「一致性」、「中立性」、「初心」時，就是最危險的狀態**。

相反地，如果能理解敏感度遞減偏誤，並懂得控制自己的情緒，那麼這種心理機制也可以化為武器，幫助我們降低風險或是增加獲利。

COLUMN

我們的情緒經常被聰明人利用!?

不只是投資股票，**行為經濟學的展望理論也影響著我們的日常生活**。

舉例來說，市場行銷領域就常常利用這個原理來操作大眾的心理。

像是在大型購物中心買東西時，你是不是常常聽到推銷員告訴你：

「只有今天賣這個價格喔。」

「現在不買的話就〇〇。」

結果不知不覺就掏出錢包結帳，你是否有這樣的經驗呢？

這種技巧有個別名叫做「**恐懼訴求（fear appeal）**」，也就是利用恐懼心理促使消費者立即做出決定，是網路購物常用的行銷手法。

另外，這裡的恐懼指的是消費者的恐懼心理。

「如果不採取行動的話，可能會導致最壞的結果」——消費市場上充斥著許多這類帶有強烈恐懼刺激的訊息。例如用「限定○個」、「最後○個」、「以後就沒有了」等限時限量的促銷活動刻意激發恐懼感，催促消費者趕快做決定的方法。

在這種情況下，**我們絕對不能急著採取行動，必須從平時就養成冷靜思考的習慣，反思「為什麼對方要提出這種提案」**。

藉由這種方式，**可以幫你釐清自己到底需不需要對方提供的東西，繼而思考是要「購買」、「再考慮一下」，還是「暫時不買」**。

把上述3個選項放到股票投資中，就是「買進」、「列入觀察名單」，以及「暫時觀望」。只要認識我們身邊隨處可見的心理陷阱，甚至反過來加以利用，就能把它應用在平常的股票投資中。

投資心理學的武器④

無計畫的攤平成本會使資產減少

參照依賴偏誤

展望理論中還有另一個更有名的理論，那就是「參照依賴」。可以說投資心理學有7成都跟損失規避偏誤和參照依賴偏誤有關，足見它的重要性。

現在的下跌
只是暫時
現象……
以買進價格
為基準，
產生依賴。
買進價格

☑ 試圖攤平成本的散戶有一半會失敗

當股價開始往下跌時，有些人會認為只要跌多少買多少，加碼攤平成本就不用擔心。

確實，我以前在收錄自己投資手法的著作中，也曾經建議讀者使用一種看似攤平的投資方法，那就是分批買賣。

不過，**我建議使用的「分批買賣」與「攤平成本」的本質完全不一樣**。分批買賣是從一開始就利用時間複利與分散風險的方式來進行投資，比起「在便宜時買進」，它的觀念更接近事先把資金分成數筆進場的平均成本法。

至於會胡亂加倉攤平成本的投資人，他們多半沒有任何計畫，只是臨時起意。這些投資人通常會參考最初進場時的價格，在價格跌至進場價後也不進行停損，反而繼續加倉來攤平成本。**沒有計畫且無限制地攤平成本，只會徒然增加費用，結果導致更多損失**。

根據我的經驗，嘗試攤平成本的散戶有一半會失敗，賠掉本金。

失敗的原因很簡單，因為**就股票投資來說，比起「看到股價下跌而連忙買進」，「耐心地等待股價降低後再買」壓倒性地更有利**。

等價格變便宜後買入，等價格往上漲後賣出——這才是投資勝利組遵循的大原則。

看到價格下跌就加倉買進是非常有勇無謀的行為，一定會失敗。**以為降低平均成本就能獲利，這只是投資人一廂情願的想法。**

畢竟實際上沒人知道股價何時會漲回原本的價格，這麼做只是把更多錢投入一場無謀的必敗之戰而已。

投入更多錢，意味著你所承受的風險比以前更大。

所以在拿出更多錢加倉之前，請先捫心自問：這麼做是出於展望理論中想要規避損失的心理，還是出於事先規劃好的分批買進戰略。

☑ 比較現在的價格與當前行情，判斷股價是被「高估」還是「低估」？

看到股價下跌之後，投資人內心的不安會愈來愈強烈，擔心會不會就這樣一跌不振。

但為什麼我們在看到股價變低時，總會不自覺地認為可以趁現在買進呢？這就是參照依賴偏誤的陷阱。

事實上，我們在買進股票時，就已經下意識地參考了先前高點時的股價。換句話說，**人會把最初看到的股票價格當成參照點，繼而產生現在的下跌只是暫時性現象的錯覺。**

那麼，該怎麼做才能避免落入參照依賴偏誤的陷阱呢？

答案是根據當前的市場變化來做未來的投資決策。**別管自己的買進價格是多少，只比較現在的價格與當前行情，判斷股價是被「高估」還是「低估」。**

如果判斷現在的價格被低估，屬於有利的進場時機，那就選擇續抱，或是買進更多。

相反地，如果進場後企業的業績或市場環境發生劇烈變化，變成不利的狀態，那最好趁早停損。

參照依賴偏誤一如字面上的意思，是指投資人很容易以自己最初的買進價格為基準，且一直受限於該價格。

所以，**請在進場後就忘掉自己當初的買進價格吧**。

在專業投資人中，也有些人刻意不把自己最初的買進價格寫進交易紀錄（用來記錄自己交易履歷的筆記）。

這也是為了不讓自己的心態被買進價格影響。正確的做法是根據當前的市況和股價，去判斷到底是被高估還是低估。

☑ 小賺大賠，5勝1敗也賺不到錢的原因

不過，這裡有個十分棘手的問題。那就是損失規避偏誤和參照依賴偏誤會同時影響投資人的心理。

投資人很容易被最初的股價綁住，同時會想盡辦法避免在股票低於此價格時賣掉。這種像市售感冒藥廣告一樣的「二合一」效應，折磨著許多投資人。

這導致許多人投資股票時總是只賺一點點錢，賠錢時卻賠得很多。

因此，現實中才會出現明明是5勝1敗，卻還是賺不到錢的現象。所謂的小賺大賠就是這麼一回事。

投資心理學的武器5

無法進行正確的判斷

認知偏誤

接著要介紹的是「認知偏誤」。

所謂的認知偏誤就跟前面介紹的展望理論一樣，是指人會受到心理因素影響而使判斷產生偏差。

具體來說，就是**人會主觀地往自己想要相信的方向去思考**。

有些事情明明只要理性思考、仔細分析後就會發現「有問題」，但因為受到認知偏誤的影響，往往會使人做出偏頗的判斷。例如戰爭時的政治宣傳就是很好的例子。

被媒體
放大報導
的新聞
容易使人
感情用事。
現在
這個
投資
正夯!!
BEER

☑ 為什麼明明不怕搭公車或計程車，卻不敢搭飛機？

從客觀角度來看，有些新聞報導的內容相當偏頗，一般人卻還是會不自覺地依賴它們進行主觀判斷，這是因為我們的大腦和心理會受到這種偏誤的影響。最具代表性的例子，就是汽車交通事故和飛機事故。

根據美國國家運輸安全委員會的調查，相較於飛機事故，實際上搭乘汽車發生事故的機率是前者的33倍之多。

只要打開電視機或是報紙，每天都能從新聞上看到汽車追撞和酒駕肇事等悲慘的交通事故。

然而，**當在電視上看到一年未必會發生一次的飛機事故時，我們卻會不禁心想「搭飛機果然很容易出意外」**。

受到這類新聞的影響，有些人明明每天都搭公車或計程車，卻盡量避免搭飛機，甚至還有人打死也不肯坐飛機。

這也是認知偏誤造成的結果。

由於飛機事故很少發生，因此每次發生時，電視新聞都會當成頭條來報導。也因為如此，這些訊息很容易被大眾放大關注。

於是，人就會不由自主地產生「好可怕」、「不想搭」的心理。這便是認知偏誤的代表性例子。

除此之外，**在面對牽扯到金錢和權力的投資或生意等，必須用理性來判斷事情的狀況時，也總能看到許多流於主觀判斷或感情用事的案例。**

☑ 購買題材型的投資信託時最容易受影響

在進行投資時，購買題材型的投資信託最容易受到認知偏誤的影響。

以發展中國家投資為首，現在金融市場上，每年都能看到與減碳、環保、能源相關的題材型投資商品，而且數量多到數不清。

由於這類題材經常被媒體大幅報導，十分受到矚目，因此很容易牽動大眾的情緒，產生說服力。

換句話說，它們對賣方而言是很好推銷的商品。

而推銷這類商品的人，通常是掛著理財顧問頭銜的業務專員。

這並不是說他們推銷的東西好或不好，實際上，他們的行銷技能往往比金融知識更加豐富。

對這些人而言，將賣點豐富的題材型投資商品整理成簡報資料並向人推銷，簡直易如反掌。

他們之所以會積極向你推銷題材型商品，就是因為可以利用心理上的認知偏誤，更容易說服你。

☑ 絕大多數的熱潮都是曇花一現

那麼，我們應該如何看待題材型商品呢？

說得極端點，如果你平常根本不關心地球環境，也絲毫不想出一分力的話，那就不該去買這些東西。

基本上，題材型商品都是主動型基金。

主動型的意思是，它們跟追蹤指數的指數型商品不一樣，是由在證券公司或銀行上班的專業交易員主動選股投資。畢竟這種商品只追蹤特定題材或投資標的，有人負責選股也是理所當然的。

想當然耳，由於必須僱用專家來挑選與更換投資組合，因此**和追蹤日經平均指數或美國標普500等指數的指數型投資商品相比，它們的交易手續費和管理手續費會更高**。

如果表現更好的話倒還無所謂，但過去的資料已經證明，**主動型基金的獲利表現比指數型基金更差**，尤其是跟追蹤標普500或全球股票指數的投資商品相比。

當然，這並不是說所有主動型基金的表現都比較差。可是，真的有必要刻意花時間心力尋找題材型商品，去冒那個險嗎？

再說，這類題材型商品的**投資熱潮大多相當短命，很多只有短短一年就變成過時的冷門商品**。

投資心理學的武器❻

確認偏誤

把思考導到對自己有利的方向

另一個衍生自認知偏誤的風險，就是**人經常只蒐集對自己有利的資訊，以支持並強化原有的認知**。本書將此稱為「確認偏誤」或「規劃謬誤」。

這也是散戶投資人很容易犯的毛病。接下來會解說這種偏誤的特徵。

首先，當股價開始上漲時，媒體連續好幾天都刊出「股價或將創下泡沫時代以來的新高」、「不投資的人將被時代淘汰」等聳動標題。又或者證券公司的營業員突然打電話告訴你「現在不投資的話，老年一定會後悔」等不持有的風險。

樹樁
@kirikabu
20萬訂閱
這支股票絕對會漲！
7
4649
5.5萬
被**群眾心理**吞沒將使你賠錢。

在接觸到這類資訊時，人很容易產生「現在不買股票的話，就無法享受到跟其他人一樣的好處」這樣的認知。

一旦被這種群眾心理吞沒，即便是原本認為應該審慎觀望的投資人，也會一下子把所有的錢都拿出來買股票。

然而在大多數情況下，當這種氛圍出現時，市場往往處於相對高點，接著在不久後下跌，導致大批投資人蒙受巨大損失。

☑ 明明只要做跟大多數人相反的事情就好……

確認偏誤同時也是一種從眾偏誤。

正常來說，散戶**不應該跟隨法人投資者和新聞媒體的腳步，而是應該按照自己的投資步調來決定何時買賣更有利**。

只要你繼續跟隨群眾心理買賣股票，就很難提高股票投資的勝率。

另一方面，所謂的法人投資者是運用資產家和各國政府的錢來投資。因為投資就是他們的工作，所以他們不能休息。日本一部分的保險公司和管理運用年金的行政法人也是如此。要是公司宣布休息一年，投資表現就會落後其他對手，讓客戶轉而投向其他公司。

但是，散戶投資人完全不用在意這些事。

散戶可以在投資公司的交易員拚死拚活的時候，自由選擇「休息」或是「等待市場下跌」。

然而，**被市場沖昏頭，追隨大多數人的行動而賠錢的卻總是散戶**。

結果就是專業的法人投資者利用散戶的行為心理，誘騙散戶進場接盤。

☑ 絕對不能少分一杯羹！

照理來說，重要的不是別人是賺是賠，而是創造出自己的獲利模式。

正因為我們是散戶，才更不需要焦急，只要按照自己的步調等待行情到來即可。

萬一真的錯過行情，也不需要勉強去追高。

此時你應該老實接受自己沒有搭上行情的事實。

然而，儘管在冷靜閱讀文章時每個人都能認同、理解，但在現實中一旦被人點出「不持有的風險」，多數人還是會下意識地產生「絕對不能少分一杯羹！」的念頭。到頭來，人還是會不斷重複相同的錯誤。這就是市場的生態。

投資心理學的武器 7

固執於最初的想法

協和謬誤

接著要介紹的是「協和謬誤」。別名又叫做「沉沒成本謬誤」。

所謂的協和謬誤是指**當現實中發生不符合自己期望的現象時，例如投資預測失準等，人會傾向固執於最初的想法，無法改變思維的一種心理現象**。

協和謬誤這個名稱是來自協和號超音速客機這款飛機。

當時，在開發協和號客機的過程中，預算大幅超支，正式首飛時就已嚴重虧損。

若繼續在虧損的狀態下營運，將難以替飛機進行檢修和維護，甚至攸關人命。然而，

固執於最初的想法會導致判斷錯誤。
這份業務計畫應該能通過才對！
PLAN
……
後輩

協和號客機的研發公司一心只想回收投入的研發費用和時間，無視所有反對意見，按照原先的計畫讓這款飛機投入服務。

結果，協和號在2000年發生了災難性的墜機事故。

☑ 無法承認失敗是有原因的

其實，一般人在投資股票時也有相同的心理現象。照理來說，當股價開始下跌時，應該暫時放下原本對市場的樂觀解釋，重新思考戰略。

這並不是在要求你「承認失敗」。

為了避免掉入協和謬誤的陷阱，必須先讓自己變回一張白紙，重新思考現在的處境和接下來的操作策略。

然而，絕大多數的投資人都做不到這點。

相反地，他們還傾向採取相反的行動。

「現在的暴跌只是暫時的。」

「知名財經新聞也是這麼說的。」

「電視上的知名分析師說過，再等一陣子股價就會漲回來。」

人會篩選出各種對自己有利的資訊，設法說服自己。這就是協和謬誤的真面目。在這種狀態下，人真的有辦法客觀地下判斷嗎？恐怕是不可能的。

☑ 寫在紙上有助於自己客觀地接受事實

為了避免受到這種認知偏誤的影響，以我個人為例，我會把自己的投資計畫寫在筆記本上。把想法寫下來，有助於自己客觀地接受事物。

就某種層面來說，這麼做可以把帶有擁有感的主觀思考從大腦中排除。

藉由把想法寫在紙上，可以去除擁有感，讓自己的判斷更具客觀性。

據說把內心的擔憂寫在筆記本上之所以能讓心情平靜，也是因為可以消除對心中煩惱的擁有感，幫助自己整理思緒。

除此之外，不妨偶爾回顧自己寫在筆記上的內容，然後在筆記中加入新的資訊和投資計畫吧。

只要多加這個步驟，就能讓你的思緒更有條理，也更容易進行客觀的投資判斷。

投資心理學的武器 8

愛上你持有的股票

稟賦效應

我們在評估一件事物的價格或價值時，往往會對屬於自己的東西給予較高的評價。這在行為經濟學中稱為「稟賦效應」。

舉例來說，人在購買昂貴的名牌商品之前，常常會抱怨它們「很浪費錢」、「沒有價值」，然而當它們變成自己的東西後，又會完全忘記以前說過的話，並大肆讚揚它們。**這是因為人會對自己擁有的物品產生感情，積極蒐集與其相關的正面資訊。**

這雙球鞋是用植物纖維製作而成，具有永續性，真的太棒了!!
持有之後產生感情，給予高評價。

- **這個品牌自成立之初就很重視員工**
- **使用對地球環境友善的染料**
- **品牌商標是工業革命時的象徵性符號 等等**

有時一個人原本對某些事物毫不關心，卻會在買了相關產品後突然開始認真研究，變得非常瞭解該物品，甚至到了令人敬佩的程度。

☑ 對股票的執著只會妨礙投資

不過，**在進行股票投資時，對股票的執著心只會妨礙你獲利**。

不論一間公司長期的財報再怎麼優異，一旦市場上99％的投資人都已持有它的股票，這支股票的價格就會失去上漲的能量。

假如一支股票沒有人買，也沒有人願意拿出來賣，就代表這支股票已到達泡沫頂點。

如此想來，就能理解為什麼**當媒體開始喊泡沫化的時候，股市漲幅通常是最大的**。

因為大家都愛上自己持有的股票，不願意放手。

再加上新進場的投資人絡繹不絕，就會使股市以超乎想像的力道急速攀升。

根據我的經驗，股市大多會在這之後的幾個月達到頂點。

理由一如前面的說明。

因為所有市場參與者都只買不賣，讓股市失去動能。

投資心理學的武器⑨

無法擺脫套牢的原因

錨定效應

你聽過錨定效應這個詞嗎？

所謂的錨是船舶在海上航行時，用來固定船隻的重要輔助工具。

錨定效應指的是，**投資人在進入市場時，會把第一眼看到的價格當成船錨固定在潛意識深處，因而無法進行理性的判斷**。

換句話說，錨定效應會讓人在無意識中受到第一印象的影響，難以自由地思考或採取行動。

因為錨定效應
而失去理性
判斷的能力。
最高價
買進價
股票

散戶投資人最大的煩惱之一，就是自己買的股票被套牢。**其實很多投資人之所以無法停損，正是因為受到錨定效應的影響。**

☑ 被買進價束縛住，無法割捨……

讓我們舉個例子來說明，對股票的最高價和進場價所產生的錨定效應。

假設你以30萬元的價格買進某支股票，卻沒想到這支股票後來跌到20萬元。

此時，假如你被買進價的30萬元綁住，拖拖拉拉地不願停損，這支股票就會被長期套牢，動彈不得。

一旦股票被套牢，你就會對查看自己的證券帳戶產生排斥感。

我看過很多這樣的散戶投資人（實際上，恐怕本書的讀者中也有很多人抱持相同的煩惱）。

市場的行情和環境，總是無時無刻不在變化。

正常來說，我們應該只針對現在的股價，冷靜地判斷這支股票的價格目前是被高估還是低估。而這與歷史股價毫無關係。

假如明知如此，**卻還是對自己當初的進場價格念念不忘，那就證明你已掉入錨定效應的陷阱了**。

愈是虧損就愈是緊抱著不放，期待有一天會漲回原本的價格。

心中總是存著一線希望，認為股價會回到當時的價格。當你產生這種念頭時，那支股票就被錨定效應完美套牢了。

投資心理學的武器⑩

讓大腦產生錯覺

雷斯托夫效應

人的記憶與個人的喜好無關，令人印象深刻或特別突出的事物才最容易讓人牢記。最先發現這個現象的人，是小兒科醫師海德薇・馮・雷斯托夫（Hedwig von Restorff），因此這個效應被命名為「雷斯托夫效應」。

舉例來說，有人做過這樣的實驗。

●讓受試者觀看各種動物的照片

●請受試者從照片中找出狗和貓

人容易將注意力集中在
有威脅性、特徵突出、
具權威性的事物上。

●觀察受試者的視線移動狀況，確認他們實際上注視著哪種動物

實驗結果發現，受試者不是把目光放在狗和貓上，而是盯著獅子或色彩鮮豔的蛇類等動物。

換句話說，從這個實驗可以得知，**人更容易把注意力投向會對自己產生威脅，或是特徵突出、具有權威性的事物**。

☑ 愈是熱門或受關注的股票愈要小心

在投資股票時，剛ＩＰＯ的股票或最近股價出現巨大變化的股票，特別容易吸引大家討論或關注。主要是因為這類股票更容易被我們的大腦優先記住。

換句話說，影響大腦對事物的印象的**雷斯托夫效應，很有可能會誤導我們選錯股票或做出錯誤的投資判斷**，必須特別小心注意。

投資心理學的武器⑪

股價泡沫化的原因

賭徒謬誤

轉輪盤和投擲骰子得到的點數，不會受到過去事件的影響，每次出現的機率都是相等的，因此實際上不可能事先預測下一次出現的點數。

而**明知這種事件不存在明確的規律，卻還是去推測未來的趨勢走向，試圖預測下一次擲出的點數**，這種行為就叫做「賭徒謬誤」。

20世紀初葉，某間賭場曾在輪盤上連續開出26次黑盤。當時這件事在媒體間引起熱烈的討論，甚至還上了報紙版面。

以機率來說，連續26次開出黑盤只有幾千萬分之一的機率，可說是一輩子都不見得遇得到一次。

恐怕當時在場的所有人全都瞪大了眼、握緊拳頭，緊張地在一旁觀看吧。

又或者，當時在場所有人的目光、心念，全都下意識地希望能見證這歷史性的一刻，內心暗自祈禱下一次能繼續開出黑盤也說不定。

☑ 投資人的狂熱和願望是泡沫的根源

當參與市場的投資人內心的願望和期待夠強大時，有時會形成強勁的價格趨勢。

有時從公司的營收和技術圖表來看很明顯是超買，卻還是有大批的人搶著買進，或許就是因為受到「希望價格再往上漲」的群眾心理影響而產生期待也說不定。

被認為10年才發生一次的泡沫，或許也是由人們內心的狂熱和願望累積而成的「歷史性謬誤」也說不定呢。

把心理弱點變成最強的武器

看完簡單易懂的講解後，各位有沒有理解了呢？

本章我們介紹了行為經濟學和行為財務學的各種要素和特徵。在行為經濟學中，特別強調「**人並非理性的生物，經常會選擇沒有效率的做法**」這個觀念。

☑ 心理弱點是巨大的機會

的確，人很容易被各種情感支配。因為迷惘、苦惱、恐懼、欲望、過度自信等心理因素，會誘使我們做出不理性的行為。

但對投資人而言，心理弱點就像一枚硬幣的正反兩面，一面是危機，另一面則是巨大的機會。

大多數人都是在迷惘、無法保持冷靜的狀態下採取行動。只要我們熟知這點，搶占先機，就能反過來將它加以利用，大幅提高自己獲利的可能性。

當個好人是無法在股海中勝出的。所謂的投資，本來就是一種生意，不是興趣嗜好或消遣娛樂。

- **●當人們被恐懼支配時就是一大機會**
- **●當人們被狂熱沖昏頭時，應該要保持冷靜**
- **●當人們無法判斷情勢時，要用理性思考來增加自己的選項**

如果你能把投資心理學中的陷阱變成自己的武器，那麼這些知識必定會成為你的一大優勢。

唯有突破人與生俱來的心理弱點，聰明地從中獲利的投資人，才有可能賺到更多錢。

那麼，該怎麼做才能活用行為經濟學和行為財務學的知識，成長為一個能獲利的投資人呢？

從下一章開始，我們將針對這點進行詳細的解說。

第4章

頂尖3%投資者的心態

能持續獲利的散戶不會被資訊迷惑

剛開始投資時，很多人會因為自己缺乏投資知識，就去尋求專業投資人或技術分析師的建議。但這種想法是大錯特錯。

因為擔任投資顧問的專家或分析師是營業和分析的專家，而不是投資的專家。

有些讀者可能剛看完本章開頭就已經感到滿心困惑。

不過這是非常重要的觀念。

如果想在投資中獲利，首先必須讓自己成為投資的專家。

我敢用自己投資23年來的眾多失敗經驗向你保證，這句話100%可信。

換句話說，你必須「**關注自己**」。

☑ 能對抗市場亂流、從中獲利的投資人才是專家

但是，絕大多數的散戶投資人都不知道這點。

因此，他們常常汲汲營營地尋找能輕鬆賺錢的方法，仰賴能為他們提供投資建議的專業顧問。

這是為什麼呢？

至少有件事可以確定，那就是你的智力和判斷力並沒有問題。

一如本書前幾章所介紹的內容，投資人的心理可以透過行為經濟學來解讀。而人之所以會信賴投資專家，**尋求他們的建議，也是因為人的心理很容易被「權威效應」所欺騙**。

舉例來說，證券公司或銀行窗口的業務員，胸前大多都別著印有「理財顧問」頭銜的名牌。

而一無所知的散戶投資人在看到他們的名牌之後，就會誤以為這個人肯定是投資的專

家，比自己更厲害。

然而，只要冷靜思考就會發現，相較於坐在櫃檯後面的人，**長年對抗市場亂流並從中獲利，擁有豐富經驗的投資人才稱得上是真正的專家**。

由此可見，這個世界上存在很多矛盾的現象。但只要懂得本書所介紹的行為經濟學和行為財務學的知識，你就能發現這些矛盾，成為投資勝利組。

唯有不被外界資訊迷惑，把注意力放在自己的成長與失敗上，反省自己有沒有做出正確的決策，並確實地控制自我，才能進行正確的操作，讓自己成為投資勝利組的一員。

透過檢查5個項目來控制自己的行為

絕大多數的散戶投資人都忽略了自己的心理狀態以及它的重要性。他們喜歡跟別人比較自己擁有的資訊量、準確性，並以此沾沾自喜。

這是因為他們以為要成為投資勝利組，就必須比別人擁有更多資訊。換句話說，他們深信投資的勝敗完全由資訊的優劣決定。

☑「現狀偏誤」讓許多不賺錢的投資人誕生

另一方面，他們之所以會有這種先入為主的錯誤觀念，也是被我們這些投資人所害。想賺大錢，但又不想花太多力氣。

不想花時間學習投資，追蹤自己的成長狀況。

幾乎絕大多數的投資人都是這麼想的。

換句話說，他們想在不改變現狀的情況下，盡可能多賺一點錢。這在行為經濟學中稱為「**現狀偏誤**」。

所謂的現狀偏誤是指**不去改變現狀，維持現有生活的現象**。舉例來說，想要瘦身應該去做運動，卻總是一拖再拖；或是明明正值裁員潮，卻不努力發展自己的職涯等等。

其實，**我們每個人的日常生活，無形中或多或少都受到現狀偏誤的影響**。

事實上，用大腦生理學領域的知識來思考，就會明白為什麼人會被這種思維困住。想維持現狀的欲求，跟人類的生存本能有關。

我們的祖先原本生活在非洲的疏林草原和極寒地區的洞窟中，周圍經常環伺著各種猛獸，他們靠著分食樹果和少許小動物為生，並藉由維持生活區域的安全來保護群體。而一個人所採取的獨斷行動，可能會為整個群體帶來危險。

因此傾向維持現狀的想法已深植於我們的基因中，大腦也因而產生這樣的偏誤。

然而，**在安全無虞的現代社會中，現狀偏誤卻成了阻礙我們成長的巨大因素**。

換句話說，人之所以會怠於主動學習，尋求不用改變現狀的方法，或是聽從投資顧問的建議而賠錢，便是受到現狀偏誤的影響。

☑ 你能控制自己的行為嗎？

一般來說，**比起關心「自己知道什麼」，投資勝利組更關注的是「如何控制自己的行為」**。

具體來說，包含以下5點。

- 自己是否保持穩定的心態？
- 自己是否聽從欲望去投資？
- 自己是否戰勝恐懼，在機會出現時確實採取行動？

●自己是否始終如一地遵守這些規則？

●透過實踐以上4點，自己是否有確實成長，成長速度是否合宜？

最終決定你能否成為投資常勝軍的關鍵，就是上述的心理狀態。

散戶最容易陷入的「不持有的風險」

散戶投資人最容易掉入的陷阱之一，就是「**不持有的風險**」。這點非常重要。請牢牢記住。

照理來說，投資最重要的應該是在自己最有勝算的時機進場，思考如何才能安全地獲利，並不適合去跟別人比較「誰賺了多少」、「誰買了哪支股票賺錢」。這點本書已重複強調過很多次。

應該把關注的焦點放在自己身上。

然而，絕大多數讀到本章的讀者，一定至少有掉入過這個陷阱一次。而我也不敢說自己不曾有過相同的經驗。不如說，事實正好相反。

在剛開始投資的初期，我非常喜歡跟投資雜誌上介紹的成功投資者比較，對此感到焦慮、迷失的我，最後動用了超過手頭資金的槓桿倍率。

明知不該跟別人比較，我們卻總是不自覺地拿自己與他人比較。

☑「不持有的風險」的真面目是？

我們每天都會不自覺地拿自己去跟媒體上看到的成功投資者做比較。一旦這麼做，我們的內心就會產生「大家都在賺錢，要是我不跟著買進……」的焦慮感。

每當看到「我實現了財富自由」、「我成為了億萬富翁」之類的文章，我們就會對毫無作為的自己產生罪惡感。

這就是「不持有的風險」的真面目。

這種焦慮感可能會讓我們得出以下的結論：「自己現在的獲利速度太慢」、「應該持有更多股票，最好還要使用信用交易的槓桿，設法賺得比現在多更多」，其實這樣是很危險的。

許多人在沒做功課的情況下就跟風加入近年的槓桿那斯達克[2]熱潮，並在信用交易中投入超過風險容許度的資金，就是因為這個緣故。

散戶投資人把不持有視為一種風險的心理，主要是受到「展望理論」中，投資人對損失較獲利更為敏感的效應所致。

「大家都在買，所以我也必須買」的焦慮感會累積在心中，影響投資人的判斷。

這在行為經濟學中稱為「**羊群效應**」。

然而，散戶投資人根本沒有必要焦慮。

如同本書一再強調的，散戶投資人主要是跟自己作戰。

嚴以律己並建立適當的規則，持續地進行正確的操作，你就可以獲利。**跟他人比較只會產生不必要的焦慮和欲望等情感，使你無法做出正確的判斷。**

譯註2：利用槓桿使那斯達克１００指數的價格變動翻倍的投資信託。

☑ 散戶投資人不需要跟法人投資者競爭

我常常聽到有人說，散戶投資人必須戰勝專業的法人投資者。

即使是在資訊戰中也必須獲勝。

然而，本書至此已經強調過很多遍，重要的是「**你是否能持續進行正確的操作**」，基本上散戶根本不需要去跟法人競爭。

我既是一名投資人，也是擁有近20年資歷的公司經營者。

我經營的是一間只有約20名員工的廣告代理公司，規模完全無法跟電通和博報堂等大企業相比。

儘管同為廣告代理商，但在規模、目標客群和服務項目等方面，我們跟上述2家大公司完全不同。

我們這種小公司如果去跟電通搶市場，簡直就是螳臂擋車，反而會提高風險。

同樣的道理，法人投資者是靠著自己的規模、規則及戰略在市場上獲利。跟散戶投資人是完全不同次元的存在。

你該關注的不是法人，而是**建立屬於自己的致勝模式，瞭解自己為求獲利能承受多少風險**，這樣你才能避免落入行為經濟學的展望理論中常見的陷阱。

注意風險容許度和風險承受度的平衡

在第1章我們介紹了頂尖3%投資者的準則之一「接受風險的存在」。而風險又分成2種。

分別是「**風險容許度**」和「**風險承受度**」。

以下做個簡單的整理。

風險容許度

風險容許度**基本上是由你持有的資產多寡來決定**。舉例來說，持有100萬元資產的人跟持有1億元資產的人，兩者的風險容許度就完全不同。

這跟開發新事業和創業是一樣的。你手邊的資金多寡會影響你可容許的風險範圍。

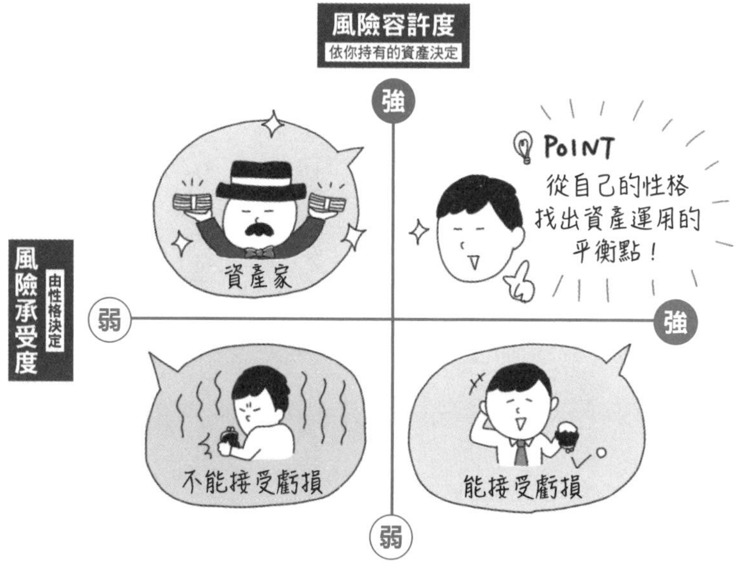

風險承受度

至於風險承受度則是**由你的性格決定**。

我身邊有不少人都是那種連一點點浪費都不能接受的性格。雖然這麼說可能有點誇張，但這類人即使擁有上億元的資產，也同樣無法忍受絲毫損失。

相反地，也有些人即使只擁有100萬元的資產，也能對一次損失50萬元感到泰然自若。

性格會決定你對風險的承受度。

換句話說，**決定你能承受多少風險的，不是你實際擁有多少資金，而是你的性格能容許多少損失**。

☑從認識自己的性格開始！

那麼，哪種性格的人比較適合投資股票呢？

我想大多數人都會認為，不能接受損失或虧損的人比較小心謹慎，所以更適合投資股票。不過就我的意見來看，倒也不能如此斷言。

●過於害怕損失，在買點出現時不敢進場

●每次急跌或暴跌時都會心情鬱悶

當這種狀況長久下來，在投資獲利之前，內心就會先被擊垮。

但相對地，風險承受度高也不見得是好事。

●很容易把錢一次投入市場進行豪賭

風險承受度太高的話，就會像這樣誤判風險，一不小心使用太高的槓桿，結果賠得血本無歸。

最重要的是在風險中取得平衡點。

而為了找出最佳的平衡點，你必須瞭解自己的性格。

時時留意「風險容許度」和「風險承受度」的平衡，思考該如何運用資產。

重要的是好好跟自己對話，從中找出答案。

投資新手要小心「自利偏誤」

在學習投資心理學的時候，特別是剛開始投資股票的初學者，尤其需要注意「**自利偏誤**」。

「我說不定很有投資天分。」

「如果我的才能得以發揮，說不定成為億萬富翁也不是難事。」

在投資連續成功時，人會自然而然萌生這種想法，這就叫做自利偏誤。剛開始投資的新手很容易掉入這種心理陷阱，請特別注意。

然而剛入門的股票投資者因為自己的成功而得意忘形，陷入「自利偏誤」的泥沼中無法自拔，其實是很正常的事。

基本上，**任何人都有可能產生「自利偏誤」**。

☑「成在行情，敗在自己」

投資人只有在行情好的時候才能得意地向別人炫耀。

每當這種時候，我都會在內心反覆告誡自己：

「**成在行情，敗在自己。**」

我從23歲就開始投資股票，這句座右銘可說是我投資成功經驗的集大成。多虧了這句話，我才能掌握在投資中致勝的投資心理學。

一如我一再強調的，左右股票投資勝率的最主要因素在於自己的心態。

因此盡可能把關注的焦點放在自己身上，可以讓你更有機會成為投資勝利組。

剛開始投資的時候，我總是得意洋洋地向身邊的友人自吹自擂，直到我領悟到正是這種行為才導致自己總是在失敗的邊緣徘徊之後，我的投資績效才終於開始進步。

這是投資股票時非常重要的心態。

因為大多數行情都是愈接近頂點時，市場愈是充滿狂熱和欲望，而這也是你最容易疏忽大意的時候。

COLUMN

羞愧的黑歷史！我也曾過於自信和得意忘形

其實我在剛開始接觸股票投資的時候，也是陷入「自利偏誤」的投資人之一。

當時正值網路泡沫前夕，自1989年到2000年持續下跌的日經平均指數，在日本泡沫經濟崩壞後終於觸底，重新啟動漲勢。

日股連續好幾天每天都有不同的股票飆漲，吸引無數投資人如飛蛾撲火般跳進股市，使得日經平均指數迅速上揚。

老實說，那個時候不論任何人進場投資都能賺到錢。

實際上，我也是如此。

當時，**我在自利偏誤的影響下，對「自己可能是投資天才」這件事深信不疑，經常對**

朋友炫耀自己的操作技術。那時我也在經營公司，於是便常常抓住對投資沒興趣的部下，使用白板解說自己的投資時機。

如今回憶起來，簡直羞恥到了極點。可以說當時的我被狂熱的市場行情沖昏了頭，所有的心神完全投入其中。

但很不可思議的是，**在投資經歷超過10年之後，我便不再受自利偏誤影響了**。

我再也不對別人炫耀自己。相反地，就算被問到自己是怎麼投資的，我也不太會詳細回答，真的很不可思議。

我自己的解釋是，在累積多年的投資經驗後，我的注意力已從他人回到了自己身上。又或者可以說是**心態變得穩健，能夠與市場的狂熱保持一定距離**。

天才巴菲特的資產是到60歲之後才快速增加

就跟風險一樣，每個人對勝率的預測也各不相同。

以我來說，整體上大致是10戰3敗。換句話說，**我要做的就是盡可能在另外7次成功時增加獲利，並把獲利拿去再投資，利用複利來增加資產**。

☑ 複利的效果不起眼，卻很驚人！

雖然複利可以幫我們增加資產，但它的效果在初期卻很不起眼。

然而隨著時間拉長，複利的效果會快速放大。

實際上，美國投資大師華倫．巴菲特也是利用複利的效果，成為世界屈指可數的億萬

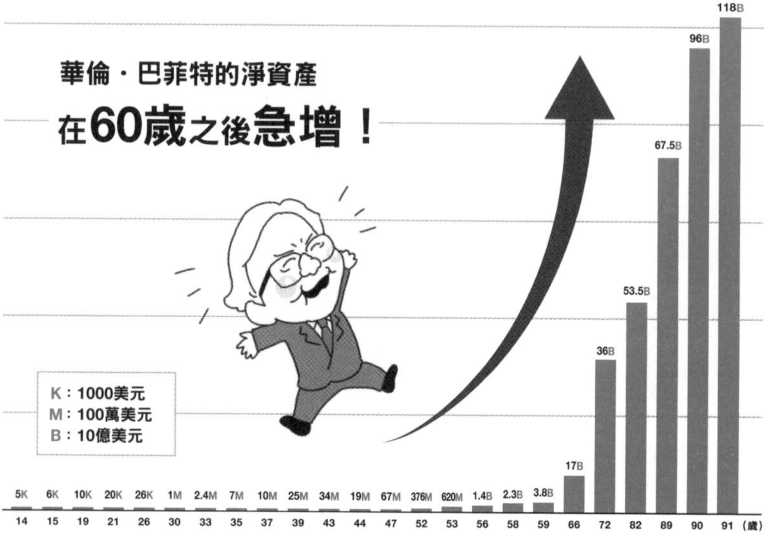

富豪。上圖是巴菲特的資產增加表。一眼看上去，便會發現他的資產變化十分驚人。

他從10幾歲就開始投資，但到了60歲之後資產才急速增加，最終成為世界數一數二、享譽全球的億萬富翁。

由圖可知，直到60歲之前，巴菲特一直默默地靠著複利效應在放大資產。

換句話說，**資產不可能在短時間內累積而成，需要時間和耐心。**

反過來說，沒有耐心的人從事投資，只會得到悲慘的結果。

因為這類投資人習慣用感性來進行投資判斷，所以很容易在上升行情時被套牢在高點，然後在下跌行情時賣掉股票。

而在嘗過苦頭之後，從此他們便對投資敬而遠之，認輸退場。如此一來，他們就會永遠失去原本能用股票投資累積大量資產的所有機會。

一個人的性格適不適合投資股票，剛開始時誰也不知道。既然如此，**不如把時間變成助力，藉此降低投資風險，透過長期持續投資來放大獲利機會**。

有很多人會投資是出於偶然，結果剛好遇到泡沫經濟的鼎盛時期，賺到了上億資產。想要搭上經濟泡沫的列車，**對散戶投資人而言，最佳戰略就是採用巴菲特推薦的長期投資法**。因為從結果來看，把股價上漲得到的資本利得和股息收益都拿去再投資，可以達到利用股票投資累積大量資產的目的。

致力於維持理想的投資心態

投資人在投資失敗之後，往往會不由自主地產生想扳回一城的念頭，並開始採取一連串錯誤的行動。

是市場引導你這麼做的嗎？

不，不是的。我們曾在第3章介紹過展望理論中的損失規避偏誤，正是這種偏誤**讓你無法控制自己的心，誘使你做出這樣的行動**。

☑ 報復性投資只會引火自焚

想在同一波行情中挽回先前的失敗，這種行為叫做「**報復性投資**」。

在可能萌生報復性投資念頭的心理狀態下交易，是最危險的一件事。因為此時你很可能會100%喪失冷靜判斷的能力。

這就像在沒有儀表板和操縱桿的狀態下駕駛飛機。

在完全喪失冷靜判斷能力的狀態下飛行，就連再小的風險都難以避免。

若是反覆在這種危險的狀態下進行交易，不用多久就會以破產收場。

那麼，一個人會陷入這種心理狀態，是因為缺乏判讀行情或技術分析的能力，還是因為採用基本分析所導致的呢？

不是的，一切都是你自己的心態造成的。

你必須儘早認識到，**無法控制自己的心態才是導致你失敗的原因**。

這正是為什麼我會在本書中不斷警告大家這一點。

不論再怎麼仔細地分析財報，反覆驗證再多的技術指標，最後投資失敗的根本原因是在於自己的心理狀態。

在投資順利的時候，你確實可以把注意力放在技術分析或財務分析上。

然而，有太多散戶投資人連在不斷失敗的時候，也以為問題是出在自己分析得不夠完整，我對這點深感憂慮。

絞盡腦汁想減少市場的不確定性——我可以理解投資人為什麼會有這種想法。然而，不論你再怎麼反覆分析市場，也不可能100%消除所有的不確定因素。

不論擁有多少知識，都不可能完全避免失敗。

☑ 重複具一致性的交易

重要的是瞭解自己的心理狀態，並好好面對它。

換句話說，你必須致力於維持能讓你在股市成功的理想心態。關於這件事的重要性，我想本書應該已經詳細闡述過了。

透過股票投資累積收益，就是重複具一致性的交易，然後善用複利的力量放大資產。

這段話的重點在於「重複具一致性的交易」，也就是持續執行成功獲利模式。要做到這點，比起外在環境，更重要的是你的心理狀態。

如果你的行動沒有建立在理想的心態上，就會如同本書根據行為經濟學介紹的內容一樣，別說是增加資產了，反而有可能會快速地賠掉資金。

投資勝利組維持理想心態的5個訣竅

根據我對20萬名投資人進行問卷調查之後，我發現懂得投資心理學的頂尖3％投資勝利組，都很清楚心理狀態對交易的重要性。

此外，為了維持最佳的心理狀態，他們都貫徹了以下介紹的5種心態。

心態1 追求「風險可視化」

大家可能對「風險可視化」這個詞比較陌生。如果用一句話來解釋，「風險可視化」就是建立一套投資腳本的意思。

這世上任何事情都可能會發生。在理解這點的前提下，建立腳本來思考如何實現投資

策略。

如果現實發展狀況偏離了自己的腳本，便提高現金持有率，或是暫時停損並冷靜下來重新思考。如果現實按照自己的腳本發展，就有紀律地做好自我管理，依照事先擬定的規則進行停利或順勢加碼。

換句話說，每個成功的投資者都有一套用來維持自我紀律的投資腳本。

心態2 準備「判斷錯誤時的補救方案」

正因為股票投資充滿了不確定性，無法預見未來，所以必須事先準備好發生異常狀態時的補救方案。

雖然描繪中長期的投資腳本和希望達成的目標也很重要，但要達成目標還**需要一個能快速進行反覆試誤（trial and error）的引擎**。這就是本書所說的補救能力。

良好的戰略往往是由失敗累積而成的。

或者應該這麼說：**良好的戰略從一開始就會準備好有效的補救方案**。

股票市場的資訊量非常龐大，變化速度又快，通常當新聞報出來的時候，股價早就已經反應得差不多，而且大多時候都是如此。

若是每日每夜追趕這些資訊，只會被眼前的交易耍得團團轉，在不明就裡的情況下以失敗收場。

只要從事股票投資，任何人都會嘗到失敗的滋味。重要的是在失敗後重新檢視自己的投資腳本和操作方式，思考有什麼對策可以亡羊補牢，用於下一次的投資。

心態3

不會想要「瞭解市場的全部」

掌握了投資心理學的投資勝利組，從來不會想要瞭解市場的全部。

他們會接受未知的存在，並把「市場總是存在自己不知道的部分」這件事情視為理所當然。

市場永遠存在自己不曉得、無法理解的部分。確實認知到這一點，乃是成為投資勝利組的絕對條件。

那麼，投資失敗的人擁有怎樣的態度呢？

失敗的投資者不允許世上存在自己不知道的事物。他們認為自己必須知道市場上發生的一切，因此每天汲汲營營地追趕著資訊。

這樣的想法會導致你進行失敗的操作。

這並不是要你不要去預測未來。而是要告訴你比起曖昧不明的未來，你應該把心力放在確實掌握自己的心理狀態，以獲利為目標。

未來是無法掌控的。**如果真有勝利女神對你微笑的那一天，那必定是你完全掌控自己心態的時候。**

投資勝利組大多都抱持這樣的想法，「永遠不可能得知明天的行情會有什麼變化」、「就算不知道也沒關係」。

他們也因此自然而然地領悟到，應該把心力集中在自己能夠控制的進場時機和倉位管理上。

這個觀念跟第5章的實踐篇息息相關，請牢記在心裡。

心態4 認為「投資預測有一半會落空」

想在股市中獲利，「**用機率論來理解市場**」非常重要。

與其把重心放在預測未來的行情如何，不如**調整自己的心態，以「整體上有4成機率失敗、6成機率成功」來看待行情預測，更能成為投資勝利組的一員**。

只要知道這點，並以中長期的投資來累積資產，那麼就算預測錯誤也不用在意。

行情預測的結果到底準或不準，其實並不重要。只要認知到這點，你的心態就不會因為預測對錯而受到太大的影響。

市場上什麼事情都可能發生——請訓練自己養成這樣的認知。

你要容許不確定性的存在。

把注意力集中在持續進行正確的操作上。

輸家的觀念則恰好相反。他們之所以常常改變自己的規律或規則，就是因為他們太過執著於預測的結果，認為「下次一定會這樣」、「如果不這樣的話就有問題」、「某知名投資大師也這麼說」。

我經營的財經投資YouTube頻道擁有約20萬訂閱數。每天我都能感受到20萬名投資人的欲望和恐懼。

因為每天都能感受到很多人的情緒，所以我自認多少比別人擁有更好的預測能力。但是，**我雖然會進行預測，卻不會抱持期待，也不會對此產生欲望或恐懼**。

那麼，究竟該怎麼做才能讓自己擁有堅毅的心智呢？唯一的方法就是累積大量成功和失敗的經驗。

在本書的最後，我提供了可以作為參考的答案。

不過以各位的經驗來看，要完全掌握正確的心態和觀念，唯有持續進行正確的操作，透過學習將其內化成自己的技術。如果各位能夠理解這一點，那麼本書也就達成了使命。

心態5

以「可重複100次相同的操作」為目標

想要成為投資勝利組，必須反覆練習正確的操作，以建立「使自己能持續成功的操作方法」為最終目的。

這不需要知識。也不需要自以為自己很熟悉市場的錯覺。

雖然不是很瞭解市場，但很瞭解自己。

到頭來，唯有這樣的投資人才能成為股市常勝軍。

不論是成功的時候，還是失敗的時候，都請確實掌握自己的心理狀況。

一如第2章說明過的內容，為了做出負責任的決策，就必須注重「一致性」、「中立性」、「初心」這3個基本規則之間的平衡。

雖然聽起來好像很嚴格，但唯有如此才有可能成為投資勝利組。

無論是從多優秀的大學畢業，無論是多擅長財務分析與計算的會計師或稅務師，**無法控制自我情感的投資人，絕不可能保持常勝**。

從結論來說，關於基本分析和技術分析，只要具備能辨別行情和個股的最基本知識就夠了。

比起這些知識，**更該重視的是嚴守規則，不忘保持一致性、中立性以及初心，讓自己的心理維持平衡，進行正確的操作**。

只要能嚴守規則重複100次正確的操作，勝率自然就會提升，逐漸累積獲利。

透過反覆練習養成理想的投資心態

一路讀到這裡的讀者，也許有人會反駁最難的就是學會如何進行正確的操作。所以，在這裡教大家一個訣竅。

那就是**時常觀察自己**。

☑ 從觀察自己、接受自己開始！

藉由自我觀察，你會發現「原來過去的某個經驗和某次失敗，勾起了自己心中的某種情感」。

而那種情感很可能是會影響正確操作的「迷惘」、「苦惱」、「恐懼」、「欲望」、「過度自信」的其中之一。

觀察自己，然後是接受自己。

面對自己，並徹底活用前面介紹的行為財務學知識，持續努力控制這些情感。

把自己現在的心理狀態寫在紙上，或是把自己冷靜進行操作時的順序寫下來貼在牆壁上，當情感湧現時再看一遍，也有助於維持理想心態，在投資中致勝。

只靠一次交易就建立理想的心態是不可能的。**我建議大家至少機械式地重複100次交易。**重複幾百次正確的操作，你就能透過實踐逐漸領會具體該注意哪些事情，才能維持理想的投資心態。

透過面對自己克服心理的弱點，你就不會被市場的雜音所干擾，能夠專注在自己的操作上。

第 5 章

實踐！運用投資心理學的投資術

建立正確投資心態的好習慣

憑直覺採取行動是無法成為投資勝利組的一員。因為這就等於順從恐懼和欲望去進行投資。

要避免這種情況，**建立一道能防止自己順從欲望和恐懼行動的防火牆非常重要**。

我很清楚人類心理的不合理性，所以「透過練習養成各種好習慣，防止自己敗給直覺本能」。

因此本書的最後，我會跟大家分享幾個我實際執行、應用了投資心理學的習慣。

好習慣❶

刻意增加運用資金的難度

舉例來說，我**不會把閒餘資金全部放在一個帳戶裡，而會分散存在多個證券帳戶**。

如此一來資金就會變得很難管理，也無法快速移轉。

老實說，這真的非常麻煩。

那麼，為什麼我要選擇這麼麻煩的方式呢？這是因為如果把錢都存在同一個帳戶裡，要將這筆錢拿出來投資時，只需要點擊一個按鍵就能順利完成轉帳。

☑ 刻意增加手續，讓自己恢復冷靜

相信有些人應該會覺得納悶，不過請繼續看下去。能輕易地提款與轉帳，意味著當我們無法控制欲望或做出不理性的判斷時，便很容易順從當下的情緒進行投資。

如此一來，**我們就沒有機會踩煞車做出冷靜的判斷，避免自己單憑直覺衝動行事**。

相反地，如果把資金分散到多間不同的證券公司，當我想從別的帳戶把錢轉出，或是要到銀行櫃檯提款進行投資時（出於安全考量，我會刻意使用必須親自到現場才能提款的私人銀行），就會因為覺得麻煩，或是得花時間從其他帳戶提領現金再存入，因而延遲我的決策。

實際上，這個習慣已經救了我好幾次。有一次股價驟跌，我本來想增資加倉，但因為當天來不及而錯過，沒想到隔天行情又出現一波暴跌。另外我也曾經因為忘記帳戶密碼，必須向證券公司重新申請，多花了2、3天的時間，才能藉此恢復冷靜，改變投資方針。

結果，**這些拖延為我帶來了好運，讓我不只一次得以在行情崩跌至谷底後逢低買進**。

其實那幾次我都急著想要馬上買進。但是，卻無法在當下立刻動用現金。

像這樣**刻意增加運用資金的手續，除了可以避免自己被群眾心理牽著鼻子走，還能替自己創造冷靜調整心態的時間**。

☑ 大好良機往往比自己預料的更晚到來

當然，我想也有一部分的讀者會吐槽反駁：

「幹嘛搞得那麼麻煩。」

「那樣做的話，很可能會錯過不少進場良機。」

實際上，當然不是每一次都這麼順利。

但根據我23年來的投資經驗，我相信**真正的大好良機，往往比自己預料的更晚到來**。

此外，**不論你發現再大的獲利機會，一旦暴露自己的欲望，並在欲望的驅使下進行交易，肯定有很高的機率會蒙受巨大損失。**

我發現比起尋找機會，不如先學會控制自己的情感，這一點對於想成為投資勝利組的人非常重要。

好習慣❷

把觀察到的個股動態寫在筆記本上

第二個習慣則是建立個股觀察名單時，可以應用的小技巧。

平常有在收看我的YouTube頻道的讀者應該都知道，**我非常建議大家平時就要整理自己的個股觀察名單**。

因為若是等到大盤驟跌或大跌時才開始尋找要買進的股票，心情就會變得很急躁，無法好好控制自己的心態。

我常把市場處於平穩的狀態比喻為「承平時期」，並把市場的暴跌崩盤比喻為「戰爭

時期」。

在戰爭期間，人的應變能力會受到考驗。就連我也很容易陷入緊張與興奮的狀態。所以，我們應該平時就要訂好行動策略，預想「假如發生急跌或暴跌，就採取這樣的行動」或是「按照這個步驟來尋找可買進的個股」，建立自己的個股觀察名單。

平時就定期整理個股觀察名單，並事先訂好狀況發生時的行動策略，如此一來即使市場行情驟變也能夠冷靜應對。你也更容易撿到便宜的個股。

☑ 為什麼我不用證券公司的軟體建立名單

不僅如此，我在建立自己想要逢低進場撿便宜的個股名單時，**不會使用證券公司提供的軟體，基本上全部都用手寫在筆記本上**。

我知道證券公司的股票軟體很方便。

只要輕輕點一下滑鼠就能叫出交易畫面，閱覽個股的業績變化，或是比較不同的技術線圖。

乍看之下，這些功能對散戶投資人來說非常方便。

因此，幾乎所有的大型券商都免費提供這些服務。

然而反過來看，這種軟體只不過是讓證券公司可以更有效賺取手續費的行銷工具。**因為提高散戶的投資便利性，讓他們增加交易頻率，有助於提高網路券商的營收。**

這就跟超市把咖哩塊擺放在生鮮食品區，或是把吸引小孩子的零嘴或玩具放在結帳櫃檯旁邊是一樣的道理。

另一方面，**對散戶投資人來說，重要的反而是如何控制自己不隨意建立倉位，耐心地等待時機到來**。至於理由，前面已經講解過很多次了。

因此證券公司提供的便捷功能，其實反而會損及散戶利益。

當然，我知道證券公司為了減輕散戶投資人的壓力，每天都很認真地在改良系統，為軟體進行改版、升級。

不過，**如果你是那種「老是太早進場」、「控制不住欲望，總是無法等到正確買點出現才進場」的人，那可能反而證明太過方便的軟體功能會讓你控制不住自己的心態。**

為了避免這點，我才刻意選擇不方便的「麻煩」做法，堅持用傳統的手寫筆記。

☑ 養成避免自己犯下相同錯誤的習慣！

所以，基本上我習慣把個股名單寫在筆記本上，並在需要時回頭翻閱。雖然非常麻煩與花時間，但**這個習慣可以幫助我消除欲望和恐懼，也能讓我回想起寫下這些個股名單時的記憶，有助於我控制自己的心智**。

從結果來看，這個習慣幫我與其他投資人的進場時機錯開。

不過，以上充其量只是針對我的性格設計出的方法。

不一定適用於所有讀者。

重要的是**持續透過這些改善和努力，避免自己憑著直覺去進行投資**。

我將之稱為建立管理心智的良好習慣。

除了我提到的方法之外，應該還有很多其他的方法。請務必要重新審視自己的投資規則，養成避免自己犯下相同錯誤的習慣。

在股海中勝出的終極投資術

從某種意義上來說，要精通股票投資非常困難，我自己也還在努力學習，一步一步地往前邁進。說不定我永遠也無法到達理想的終點。

但是，我似乎隱約看到了一線曙光。

那正是本書最後要介紹的內容，因為我認為這些能幫助大家磨練對市場的直覺，同時有助於加快成長的步伐。

對於最近才剛開始接觸投資的人，或是接下來才要投資的人，下面的內容可能非常難以理解，但卻是相當重要的觀念。

即便是部分也好，希望各位能記在心中。

運用投資心理學的投資術❶

保持無欲，追求獲利

我運用投資心理學所想出的終極投資法，就是「保持無欲的狀態，以追求獲利為目標」。

看到這裡，很多人可能會忍不住心想：「無欲無求，不是跟以賺錢為目的的投資互相矛盾嗎？」、「少來了，何必在那邊裝模作樣」。

當然，**我自己也是為了賺錢才從事股票投資。單就這一點，我跟大家的意見是完全相同的。**

遵守眼前的
規則和紀律，
讓自己保持冷靜。
RULE

但另一方面，我在投資時會盡可能不去思考賺錢這件事，把重心放在遵守眼前的規則和紀律上，並致力保持這樣的心態。

換句話說，**我是為了讓自己保持冷靜而穩定的心理狀態，才盡可能使自己處於「無欲的狀態」**。

☑ 只把注意力放在技術和自己的心態上

當然，這可能需要累積足夠的經驗才能達到那樣的心理狀態。不過，要是投資人能把平時的交易操作視為一種訓練，就能透過前面介紹的反覆練習來達到類似的心理狀態。

我所說的無欲狀態，指的是在追求金錢的投資活動中，只把注意力放在技術和自己的心態上，以求獲得勝利。

把投資的勝敗放在一邊，將全副注意力集中在提升技術和心態上，就能達到近乎完全掌控自我的狀態。

運用投資心理學的投資術❷

不設定目標金額

就這層意義上來說，我不建議各位採取其他投資書中推薦的方法，那就是「為投資股票設定目標金額」。

舉例來說，「要在明年之前賺到1000萬」、「要在5年後賺到1億」，**光是為自己設定目標，就會使內心產生強烈的欲望**。

但我並不是說有欲望是不好的。

☑ 萬一犯下重大失敗導致計畫延遲

然而，不考慮自己的投資技術高低和本金多寡，盲目地聽從媒體或投資講座的說法，一心只想著目標金額來投資股票，結果會怎麼樣呢？

首先，你肯定無法控制自己的心態。

●今天你犯下重大失敗，導致賺到1000萬的計畫推遲

●5年後達到財富自由的計畫遭遇挫折

這種挫折**會讓你感受到無形的壓力，使你產生下次必須扳回一城的念頭，因此勉強進場交易**。展望理論中的「損失規避偏誤」和「參照依賴偏誤」會在此時悄悄地影響你。

一旦陷入這種狀態，就跟在金錢欲望的驅使下進行豪賭沒有兩樣了。

運用投資心理學的投資術③

不設定期限，把目標分成3個階段

如果無論如何都想設定目標金額的話，建議**設定一個可以調整實現速度的目標，並把目標分成3個階段，經常調整軌道**。

你無法控制股票市場的動態。**唯一可以被你控制的，只有你自己的情感。**

就算你設定了目標金額或時下流行的財富自由期限，萬一股市3年沒有行情，那你的計畫十之八九會遭遇挫折。

☑ 股價是漲是跌由市場決定

財富可以用複利來累積。而你的技術和經驗，也同樣可以利用複利累積。現在不知道的事，一年後你就能產生深刻的理解。現在辦不到的事，一年後一定可以辦得到。

即使不勉強自己設定目標金額，只要遵守本書介紹的3項基本規則「保持一致性」、「認識中立性」、「勿忘初心」，提升投資技術並學會控制自己的心智（心態），你的財富自然會增加。

股票投資存在很多無法預測的不確定因素。你可以自己決定什麼時候換工作，但只有市場能決定股價是漲是跌。

運用投資心理學的投資術 4

只用賠光也無所謂的錢來投資股票

前面已經說過非常多次，當投資失誤而產生虧損的時候，人會傾向進行風險更大的豪賭，試圖挽回損失的時間或成本。

時時刻刻做好準備，努力控制自己的心態並保持冷靜，避免出現上述這類心理偏誤，是一件很重要的事。

說得極端一點，**欲望太強的投資者，絕對不可能戰勝沒有欲望的投資者**。

我常常告訴其他人，請用賠光也無所謂的錢來投資股票。

實際上，就算在股票投資中失去數千萬日圓的資產，我也不太會放在心上。

當然，身為一位企業經營者，我還有擔任公司董事的薪酬，以及出書的版稅收入，或許在某種程度上，比各位享有更得天獨厚的優勢。

☑ 理想的心理狀態有助增加資產！

但在這裡，我想告訴各位的是，**我從還沒有多少資產，剛接觸股票投資的時候開始，就已經具備這樣的觀念**。

「人生很有趣，我很慶幸自己把全副心力投注在股票投資上」，我有十足的自信這麼說。也可以說我從那一刻起就不再對金錢執著。

不論資產再怎麼減少，市場再怎麼混亂，即便股價圖沒有按照自己的預想變化，我也不會心慌。因為我總是能控制自己的內心，把注意力放在重複執行自己所學的技術上，保持理想的心理狀態。

我認為這正是我能提高勝率、增加資產的原因。

運用投資心理學的投資術 5

心態搖擺不定時，暫時遠離投資

我在自己的內心產生巨大動搖，或是感覺快壓抑不住欲望的時候，便會暫時遠離股票投資。

當工作忙碌的時候，我也會以工作為優先。

出去旅行的時候，我會盡情享受旅程，讓自己完全忘記投資。

投資是一輩子的事。正因為如此，我認為**投資人不用過度緊繃，隨時緊盯著市場動態不放**。

☑ 欲望和恐懼造成的偏誤會讓人產生執著心

我想這點套用到各位讀者的工作上也是一樣的。

當你難以控制自己內心的時候，我想你也會選擇暫時遠離工作。利用假日到健身房運動或是外出旅遊，讓自己重新恢復精神。

股票投資也一樣。但絕大多數的投資者人都做不到，理由很簡單，因為他們總是被不持有的風險所影響，無時無刻不在擔心「現在不買股票的話，可能會錯過賺錢的機會」。

這是心理偏誤讓人產生的執著心。

投資人愈是抱持這種心態，就愈難放鬆心情。

而**這就好像抱著一顆可能會導致巨大虧損的定時炸彈在奔跑**，請各位千萬不要忘記。

運用投資心理學的投資術❻

長時間一點一點地投入資金

拉長投資的時間，能讓你有更多餘裕去面對自己的內心。

在這層意義上，我十分肯定年輕人從較少的本金開始一點一點累積，利用小額投資免稅儲蓄帳戶（NISA[3]）等制度從事投資。

譯註3：小額投資非課稅制度（Nippon Individual Savings Account）的縮寫，為日本政府鼓勵人民從事投資的制度。在規定期間內投資股票、基金，股利收益可享有每年40～120萬日圓不等的免稅優惠。其中個人投資儲蓄帳戶NISA（積立NISA）在2018～2037年間，每年可享40萬日圓的免稅額。

透過一點一滴逐步累積資產的長期投資方式，**有助於我們學習控制欲望和恐懼等情感的方法**。

這麼做可以慢慢消除你對金錢的特殊情感（尤其是執著心和貪欲）。這也是我建議年輕人從NISA開始接觸投資的最大理由。

最重要的是，**這可以幫助我們瞭解自己的風險容許度，還有在面對金錢時的風險承受度，亦即認識自己的性格**。藉由瞭解自己，我們可以深入理解股票投資的優點和缺點。

我認為從年輕開始就累積這方面的經驗，有助於培養出善於創造資產的能力。

☑ 散戶投資人最該拉攏的對象是「時間」

當然，要做到這件事或許不簡單。

實際上，我也花了很多年才建立出現在的心態。

在我剛開始投資的時候，也跟大家一樣不懂得控制自己的欲望和內心。而且根本沒有意識到這件事的重要性。

在我投入股票市場的時候，網路證券交易才剛出現，市面上根本沒有用一般人看得懂的方式介紹行為經濟學或行為財務學的書籍。直到最近幾年，行為經濟學才開始受到大眾關注。

到頭來，**散戶投資人最該拉攏的對象是「時間」**。

拉長時間，穩健地進行投資，能讓你有更多餘裕去面對自己的內心。就這層意義上來說，**股票投資也是一種工作，需要去「習慣」它**。

我之所以常對年輕的散戶投資人說：

「先以長期投資為目標。」

「認識自己的性格之後，再配合自己的性格改變投資方法。」

就是出於這個原因。

運用投資心理學的投資術⑦

市場投資人的心理會反映在圖表上

如果用投資心理學來解釋的話，圖表是一種可以幫助我們掌握市場投資人心理的方便工具。

- 朝著哪個方向發展
- 在哪裡產生恐慌
- 恐慌會在哪裡消失（或者今後是否會消失）

☑ 投資人的內心分析×公司的數據分析

圖表是把投資人的心理、欲望、恐懼、迷惘等直接具現化而成。因此只要懂得投資心理學，便有可能巧妙地運用它，事先掌握後續變化的動態。

雖然人心的變化無法用肉眼看見，但圖表可以透露出一部分的訊息。

藉由分析過去的圖表趨勢，可以得知在「先前」和「接下來」中，人類心理不合邏輯的地方。

相反地，也能明確找出合乎邏輯的部分。

趨勢就是在這兩者的共同作用下，不斷地變化。

而事先掌握這2項因素並檢驗結果，就是運用圖表來預測未來的技術分析。

不過，**想單靠圖表掌握所有的市場變化很困難**。

此外，還必須透過數據化的財務報表，分析一家公司把錢投資在什麼地方、賺了多少錢，然後檢驗這些對價格的影響。這就是所謂的基本分析（財務分析）。

仔細分析投資人的心理，然後用數據資料掌握企業運作的實態。

只要能夠瞭解其中的意義，並確實掌握流程和順序，便能清楚看見通往投資勝利組的道路。

順帶一提，以我自己來說，主要是以7成技術分析加上3成基本分析來進行交易。換句話說，我是用7比3這個比例來決定進場時機和挑選個股。

投資心理學是一生受用的武器

不可否認，人會傾向追求更聰明、更合理的選項。

但另一方面，人內心的天秤又常常失衡，受到各種不同情感的影響。恐懼和欲望等心理因素會誘使人做出不合理的行為。

☑ 股票投資是心理戰

從研究者的角度來看，分析這些人性中存在的弱點，著實是件很有趣的事情。但是，從投資人的角度來看，**這種弱點就像硬幣的兩面，也隱藏著巨大的機會**。

多數人都是在充滿迷惘、失去冷靜的狀態下採取行動。如果能認知到這一點，提前準備，搶占先機，便能在無形中大幅提高獲利的機會。

我個人認為，**唯有懂得利用人類與生俱來的弱點，聰明地從中謀利的投資人，才有可能比別人獲得更多的利益**。

這聽起來或許有些惡劣，但光是當一個正人君子，是無法在股票投資中常勝不敗的。技術指標或是其他高深的投資技術也一樣。光憑這些技術是無法在股海中勝出的。

我認為股票投資就是一種市場心理戰。到頭來，**只有能讀懂對方心理的人才能獲勝**。

我認為投資心理學是使你成為投資勝利組的最強武器。只要能掌握它，它就是你一生受用的武器。

特別附錄

在23年內賺進5億日圓的祕藏投資法

在這篇特別附錄中，我會介紹幾個具體的投資方法，幫助你進一步理解「**投資心理學**」這項最強的武器，成為投資勝利組的一員。

我在23年內靠著股票賺到了5億日圓，這些都是從我的投資經驗中歸結出的「股市致勝關鍵因素」。

當然，投資方法因人而異。不同性格和資金所適合的投資方法也各不相同。在閱讀的過程中，請一邊思考自己是否適合這個方法。

最重要的一點是，在股票投資的領域中，不論你讀過多少本書、上過多少堂課，就算你擁有再多的知識，如果沒有反覆經歷成功和失敗，就不可能成為一個成功的投資者。因為比起知識，如何控制恐懼和欲望等內心的情感更加重要。

請千萬不要忘記這一點。

投資法 1

用自己擅長的戰術戰鬥！

想加入投資勝利組，你必須找出自己擅長的領域。

股票投資分為長期投資和短期投資。你是要進行長期投資，透過企業價值提升或找出目前被低估的類股，賺取股價上漲所產生的資本利得呢？還是要進行短期投資，透過圖表的波段變化來套利呢？你要瞭解自己適合哪一種投資方式。

投資也是一種工作。在工作時，我們每個人都會找出自己擅長什麼、不擅長什麼，然後把擅長的部分應用在工作上。

股票投資也是相同的道理。

進行短期投資時，當沖或波段操作的技巧是不可或缺的。你必須嚴格執行停損，保護好自己的本金。另外還必須學習技術分析的知識，從圖表中解讀出投資人的心理。因為短期交易是利用股價的劇烈波動來套利，所以設定嚴格的交易規則，確實執行停損或做好風險管理等，隨時掌控好自己的心態相當重要。

另一方面，**進行長期投資時，採取被動姿態，耐心地等待股價跌到便宜價位更有利於投資**。比起市場的評價，更重要的是持之以恆地觀察，等到股價跌至便宜水位。因此能夠分析企業財務，看出哪支個股被低估，也就是基本分析的知識便相當重要。

當然，不論是短期投資還是長期投資，上述2種技能都是必要的。以我來說，就像前面說過的，我會用7成技術分析加上3成基本分析來進行操作。

投資法 2

長期投資的重點是「等待」，短期投資則是「停損」！

如果要應用投資心理學，無論是選擇短期投資或長期投資都無妨。但是，在買進股票之前必須先決定好投資腳本，否則就無法有效率地追求獲利。

換句話說，**你要決定好自己要賺取的是「價值提升」還是「價格變化」**。

長期投資和短期投資的致勝法則分別如下：

- **長期投資最重要的是「等待」**
- **短期投資最重要的是「停損」**

另一方面，**短期投資和長期投資也有一個共通點，那就是建立自己的必勝規則**。

投資一旦流於感情用事，失敗的機率便會提高。所以，**我們要設定規則來「約束」自己的情感**。

順帶一提，我擅長的是長期投資。以交易的比例來說，我把8成資金放在長期投資，

2成的閒餘資金則用於短期投資。

儘管不常用，但只要使用信用交易做槓桿或賣空，基本上都是屬於短期投資。因為融資融券必須繳交利息給證券公司，所以不利於長期投資。

投資法 3

價值投資要留意價格投影的伸縮！

想找出適合長期投資的個股，**可以比較一間企業的實際價值和股價（價格），買進股價低於價值的股票**。也就是俗稱的「**價值投資法**」。

股價會因為投資人信心的強弱而發生變化，隨著大眾的心理狀態忽高忽低，如同幻象般捉摸不定。

各位還記得在小學的自然課堂上，曾經做過一個實驗：在黑暗中打開手電筒，把物體的影子投射在牆壁上，透過調整光源的位置來改變影子大小嗎？

不論什麼物體，只要用手電筒從下方照射，投射出來的影子都會比實體大得多。而一間公司的股價比公司本身的價值更高，就跟這種現象類似。

相反地，如果用手電筒從正上方往下照，投射出來的影子看起來就會比原本的物體還小。這就相當於股價跌至原本的價值之下。

此時，**如果在股價被低估的狀況下買進，當手電筒的光源角度改變時，便能期待再次獲得投資人青睞，回到應有的價格。等價格恢復原有水準後賣出，即可賺到價差**。

這便是價值投資的基本概念。

各位在閱讀《公司四季報》或《日本經濟新聞》的財經新聞時，也可以留意這類價格投影的伸縮。只要這麼做，即使不懂那些艱澀難懂的名詞，也能掌握價值投資的基礎。

投資法 4 長期投資要分批賣出！

接著是停利的部分。雖然也可以一次賣出手中所有持股，但**我更建議分批賣出**。

假如一次全部賣出的話，你的注意力就會放在高點附近的股價，因而產生「參照依賴偏誤」，當價格再次跌回相同的低點時，就會變得不敢買進。

此時，為了維持行情的「變動感」，你可以先保留一半的持股。

保留一半的持股，不僅可以在後續上漲時賺到更多利益，等日後股價跌至先前的買進價格時，也能再次買回。

同時你的股利也會慢慢累積，長期下來可以產生巨大的報酬。

順帶一提，我自己光是股利每年就有500萬日圓左右的收入。假如平均配息不變的話，10年就有5000萬日圓。

正因為擁有這筆穩定配息的收入，所以就算股價稍微跌破成本價，我也能忍住續抱。

對我而言，配息就相當於「忍耐費」。

投資法 5

短期投資要建立停利規則！

若是從事短期投資，確實建立自己的交易規則就很重要。

儘管在進行長期投資時，建立交易規則同樣重要，但**短期投資是靠價格波動來獲利，假如沒有訂立交易規則，就很難讓自己的心態保持穩定**。如此一來也不可能冷靜地作戰。

停損規則也是其中之一。

由於短期投資需要進行波段操作，也就是看準股價在一定期間內的漲跌幅度，低買高賣，所以設法精準抓到股價觸頂和觸底的訊號也很重要。

在這層意義上，對於短期投資來說，比起基本分析，更需要注重技術分析。就像是駕駛一艘帆船一樣，必須巧妙運用風和海浪的力量，才能乘風破浪。

投資法 6

區分投資期和資金！

另外，對於想同時進行短期交易和長期交易的人，我認為最好明確區分兩者的投資期和資金。

實際上，以我自己為例，我的短期交易用證券戶是使用樂天證券，長期交易用證券戶則是使用Musashi證券，投資高配息股是使用SBI Neotrade證券（原livestar證券），投資美股和投資信託的ＥＴＦ則是使用ＳＢＩ證券，**依照目的分成4個帳戶**。

我習慣依照工作目的，分別在自家的書房、辦公室或會議室，以及咖啡廳等不同地方工作。寫書稿時我幾乎都是去喜歡的咖啡廳。而就連咖啡廳也是按照稿件種類來區分，例如寫投稿稿件或企劃書時在自家附近的星巴克，寫商業書原稿時則會到我最喜歡且充滿開放感的高檔咖啡廳。

證券帳戶也是相同的道理，我們可以藉由登入特定證券帳戶的動作，**自動切換自己的心態**。而且事先依照投資目的區分資金，也**更有利於風險管理**。

人手上一旦握有大筆資金就會變得大膽，不自覺地去承擔過多的風險。我們不時可以聽到有人在中了上億彩券後，不久就把自己搞到破產，失去所有家當，這很可能就是因為類似的心理狀態所致。

假如你自認不善於管理風險，而且手上握有大筆資金時容易變得大手大腳的話，我建議你可以依照目的開設多個不同帳戶，分散資金。

投資法 7

與群眾心理背道而馳！

每次傳授運用投資心理學的致勝祕訣時，我都會告訴別人，**進行投資時如果能「與群眾心理背道而馳」，即使是初學者也比較容易提高勝率**。

因為當股價急跌、暴跌時，想要馬上出脫持股的人會快速增加，這乃是市場的常理。但另一方面，當價格跌到一定程度之後，又會反過來冒出許多人想趁機撿便宜買進。

由此可知，**所謂的行情唯有在買方和賣方勢均力敵的情況下，買賣才能成立**。

此時，有9成的投資人會在股價還未跌到谷底之前就搶著跳進去。

因為大多數人很容易相信媒體的報導：「現在的暴跌只是短暫現象」、「很快就會回補」。

這主要是受到本書介紹過的「確認偏誤」影響。實際上也存在一些傳播負面消息的投資人。即便在暴跌時，市場訊息也總是處於正負平衡的狀態。

不過，確認偏誤會使人只蒐集對自己有利的資訊，盲目地相信「不可能發生暴跌！」結果在股價稍微下跌時就搶著買進。

相反地，當市場上大多數人都想賣出時，要是沒有買家接盤，便會發生連續好幾天暴跌的情況。2008年雷曼兄弟破產和1987年的黑色星期一，股價便曾在短短幾個月內暴跌近50%。這就是**買方和賣方的平衡崩潰所造成的結果**。

新聞媒體和專業的技術分析師，往往異口同聲地將上述的市場狀態稱為史無前例的大崩盤。

但另一方面，**掌握投資心理學的投資勝利組，卻持有完全相反的看法。因為當市場平衡崩潰，價格大幅崩跌的時候，正是逢低買進優良個股和高配息股的大好時機。**

在讀完本書學會投資心理學之後，請你以成為一位能突破市場盲點，把平衡崩潰的瞬間化為機會，或是能把暴跌視為良機，克服恐懼大膽進場買進的投資人為目標。

實際上我也是這麼做的，在經歷過幾次市場大跌，沒有遭到淘汰，反而還把危機化為轉機，成功增加資產。

結語　以頂尖3%的投資勝利組為目標！

人是為了追求更多的幸福和滿足而投資股票。

但相對地，人又總是對失敗和令身邊人的失望感到恐懼。

換句話說，欲望的背後隱藏著恐懼，這兩者其實是一體兩面。如果不先搞懂其中的關係，就無法完全理解人的投資心理。表面的心理學知識，對於投資完全沒有任何幫助。

如果投資人的心中只有欲望，那麼只要徹底管好資金和進場時機就夠了。問題是欲望與恐懼總是相伴相隨，同時影響你的內心。

換句話說，**本書介紹的「投資心理學」是一種同時控制「欲望」和「恐懼」的技巧**。

只要學會控制自己的情感，在進行股票投資時，就能讓自己處於更容易成功的狀態。

也就是說，**瞭解頂尖3%投資勝利組控制心態的方法，並把它內化成自己的知識，有助於提升投資能力**。

最近在投資界一炮而紅的行為經濟學和行為財務學，其實不過是這個觀念的延伸。

說穿了，我們心中的「欲望」和「恐懼」，就是害怕失去所得之物的不安。這種不安換個說法就叫做執著心。

執著是每個人都擁有的「心態」。

沒有任何一人例外。即便是擁有23年投資經歷的我也一樣。

每個人都抱持著強烈的執著。

而在投資股票時，這種執著會妨礙我們發揮致勝的技術和規則。

認知到這一點，你就能進行與過往全然不同的操作。

股票投資的結果，只不過是映照出你內心狀態的一面鏡子。

請誠實面對鏡中映照出來的事物，原原本本地接受自己的欲望、恐懼、不安與迷惘。

而你要努力的目標，就是成為一個超越這些情感的投資人。

以上就是本書最想告訴你的事。

天下無難事。

請把你從本書學到的行為經濟學與腦科學知識加以消化、吸收。

請從技術和建立良好習慣這兩方面著手，學習頂尖3％的投資者是如何控制自己的心態，以及如何操作獲利。

請好好打磨你心中能反映自己投資心態的那面鏡子，並仔細看看鏡中的自己。

然後，請你也把成為頂尖3％的投資者當成目標。

我確信讀完本書之後，你一定可以做到。

上岡正明

2022年8月

【作者介紹】

上岡正明

1975年生。曾任媒體作家、劇本家，27歲成立廣告公關顧問公司。20多年來陸續協助200多間公司打造企業品牌，成功推動多項國際觀光行銷與公關活動。此外還取得MBA學位（資訊學博士前期課程），並在多摩大學、成蹊大學、帝塚山大學等學校擔任客座講師。開設的腦科學與人類行為心理研究的研討會總是座無虛席。同時也是一位十分活躍的個人投資者，23年內總計累積了5億日圓的資產。將自己的投資Know-how出版成書，著有《株はたった1つの「鉄板銘柄」で1億稼ぐ!》（SB Creative），中文譯作則有《致富贏家只做「這件事」：股市小白成為億萬富翁的超強鐵則》（幸福文化）、《日本最強散戶贏家教你低買高賣的波段操盤術》（今周刊）等等，銷售量累計超過55萬本。另外也是一名訂閱數超過20萬人的財經投資YouTuber。參加的學會包括日本行為心理學會、日本神經心理學會、日本社會心理學會、日本行為經濟學會、一般社團法人日本心理行為分析學會、一般社團法人小兒身心醫學會、認知神經科學會（排序不分先後）。

上岡正明的YouTube頻道　https://www.youtube.com/kamioka01

股市高手的投資心理學

小資族必學！植入贏家心態、
提升績效表現的高獲利法則

2023年5月1日初版第一刷發行

作　　者　上岡正明
譯　　者　陳識中
主　　編　陳正芳
特約美編　鄭佳容
發 行 人　若森稔雄
發 行 所　台灣東販股份有限公司
＜網址＞http://www.tohan.com.tw
法律顧問　蕭雄淋律師
香港發行　萬里機構出版有限公司
＜地址＞香港北角英皇道499號北角工業大廈20樓
＜電話＞（852）2564-7511
＜傳真＞（852）2565-5539
＜電郵＞info@wanlibk.com
＜網址＞http://www.wanlibk.com
http://www.facebook.com/wanlibk
香港經銷　香港聯合書刊物流有限公司
＜地址＞香港荃灣德士古道220-248號
荃灣工業中心16樓
＜電話＞（852）2150-2100
＜傳真＞（852）2407-3062
＜電郵＞info@suplogistics.com.hk
＜網址＞http://www.suplogistics.com.hk
ISBN 978-962-14-7484-1